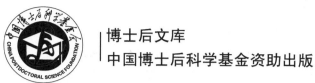

博士后文库

中国博士后科学基金资助出版

微囊藻群体的环境生态学特征
及其资源化利用

毕相东　著

科学出版社

北　京

内 容 简 介

　　全书在概述微囊藻水华危害、微囊藻群体形态及其演变规律的基础上，首先系统总结了微囊藻群体细胞的计数及产毒微囊藻丰度监测等的方法，随后详细阐述了微囊藻群体在促生长、抗逆、抗病、抵御浮游动物及滤食性鱼类牧食方面的种群竞争优势，然后重点剖析了浮游动物诱发微囊藻群体形成及营养盐、光照强度、金属离子等环境因子和微囊藻毒素在微囊藻群体形成中的作用机制，最后概述了微囊藻群体资源化利用现状、问题及发展前景。

　　本书可供水域生态学、湖泊学、环境科学及环境工程等专业从事教学、科研、管理工作的人员借鉴和参考。

图书在版编目（CIP）数据

微囊藻群体的环境生态学特征及其资源化利用/毕相东著. —北京：科学出版社，2018.1
　（博士后文库）
　ISBN 978-7-03-054836-8

Ⅰ.①微⋯　Ⅱ.①毕⋯　Ⅲ.①蓝藻纲-藻类水华-研究　Ⅳ.①Q949.22

中国版本图书馆 CIP 数据核字（2017）第 254999 号

责任编辑：朱　瑾　田明霞 / 责任校对：彭珍珍
责任印制：赵　博 / 封面设计：刘新新

科　学　出　版　社 出版
北京东黄城根北街 16 号
邮政编码：100717
http://www.sciencep.com

三河市春园印刷有限公司印刷
科学出版社发行　各地新华书店经销

2018 年 1 月第　一　版　开本：720×1000　1/16
2025 年 1 月第四次印刷　印张：7 3/4
字数：142 000

定价：98.00 元
（如有印装质量问题，我社负责调换）

《博士后文库》编委会名单

《博士后文库》序言

　　1985 年，在李政道先生的倡议和邓小平同志的亲自关怀下，我国建立了博士后制度，同时设立了博士后科学基金。30 多年来，在党和国家的高度重视下，在社会各方面的关心和支持下，博士后制度为我国培养了一大批青年高层次创新人才。在这一过程中，博士后科学基金发挥了不可替代的独特作用。

　　博士后科学基金是中国特色博士后制度的重要组成部分，专门用于资助博士后研究人员开展创新探索。博士后科学基金的资助，对正处于独立科研生涯起步阶段的博士后研究人员来说，适逢其时，有利于培养他们独立的科研人格、在选题方面的竞争意识以及负责的精神，是他们独立从事科研工作的"第一桶金"。尽管博士后科学基金资助金额不大，但对博士后青年创新人才的培养和激励作用不可估量。四两拨千斤，博士后科学基金有效地推动了博士后研究人员迅速成长为高水平的研究人才，"小基金发挥了大作用"。

　　在博士后科学基金的资助下，博士后研究人员的优秀学术成果不断涌现。2013年，为提高博士后科学基金的资助效益，中国博士后科学基金会联合科学出版社开展了博士后优秀学术专著出版资助工作，通过专家评审遴选出优秀的博士后学术著作，收入《博士后文库》，由博士后科学基金资助、科学出版社出版。我们希望，借此打造专属于博士后学术创新的旗舰图书品牌，激励博士后研究人员潜心科研，扎实治学，提升博士后优秀学术成果的社会影响力。

　　2015 年，国务院办公厅印发了《关于改革完善博士后制度的意见》（国办发〔2015〕87 号），将"实施自然科学、人文社会科学优秀博士后论著出版支持计划"作为"十三五"期间博士后工作的重要内容和提升博士后研究人员培养质量的重要手段，这更加凸显了出版资助工作的意义。我相信，我们提供的这个出版资助平台将对博士后研究人员激发创新智慧、凝聚创新力量发挥独特的作用，促使博士后研究人员的创新成果更好地服务于创新驱动发展战略和创新型国家的建设。

　　祝愿广大博士后研究人员在博士后科学基金的资助下早日成长为栋梁之才，为实现中华民族伟大复兴的中国梦做出更大的贡献。

中国博士后科学基金会理事长

前　言

微囊藻（*Microcystis* sp.）是全球广布性的水华蓝藻种类，也是我国富营养化水体中最常见的蓝藻水华主要构成种类。自然环境中微囊藻以胞外多糖（exopolysaccharide，EPS）黏着聚集而成、大量肉眼可见的微囊藻群体（colonial，aggregates）形式存在，且群体的形成、增大和形态的持久维持是微囊藻获得种群优势进而形成水华并维持优势的前提之一。相对于单细胞微囊藻，群体形态的微囊藻在营养物质利用、抗逆及抵御动物牧食等方面具有较高的竞争优势，具体如下：①在营养不足的条件下，微囊藻群体对磷、碳和铁等营养物质具有竞争利用优势；②微囊藻群体对强光和化学污染物胁迫具有更高的耐受性；③微囊藻群体外的胶被可有效防止细菌及病毒侵害藻细胞；④微囊藻群体体积较大且外被结实的胶被，可有效抵御浮游动物的牧食及滤食性鱼类的消化，进而保障其在水体中的种群竞争优势；⑤微囊藻群体在形成时由于胞外多糖的黏着作用形成大量的细胞间空隙，可增加藻细胞浮力，群体形态的微囊藻细胞光合作用增强，进而促进其复苏及生长。明确微囊藻群体的形成机制将对揭示蓝藻水华暴发机理具有非常重要的意义，同时可为蓝藻水华的预警及控制提供科学的参考依据。已有的研究表明，微囊藻群体的形成可能是在藻细胞快速生长的基础上，浮游动物的牧食压力、微囊藻毒素及金属离子等环境因子协同作用的结果。

微囊藻群体细胞中含有丰富的蛋白质、糖类、脂质及氮、磷、钾等营养成分，但同时含有微囊藻毒素及重金属等毒性成分，加强微囊藻群体的资源化利用将对减少由微囊藻水华诱发的生态灾害等具有重要意义，同时，资源化微囊藻群体不但可减少化学肥料的使用，减轻农业面源污染，还可增加农业经济效益，具有良好的环境效益、经济效益和社会效益。

本书是在国家自然科学基金面上项目"养殖池塘中产毒微囊藻 SNP 基因型组成与其种群竞争力及产毒特征的关联性分析与应用"（31772857）、国家自然科学基金青年项目"重金属离子在微囊藻群体形成中的作用机制"（31300393）、中国博士后科学基金特别资助项目"产毒微囊藻在自然水体中微囊藻群体形成中的作用机制"（2015T80212）、国家自然科学基金应急管理项目"丝氨酸/苏氨酸激酶系统在微囊藻超补偿生长中的作用及其机制研究"（31640009）、中国博士后科学基金面上项目"多环芳烃对微囊藻产毒的影响及其分子机理的研究"（2014M551013）、天津市科技支撑计划重点项目"海河水华蓝藻资源化利用关键技术的研发与转化"（15ZCZDNC00230）、天津市自然科学基金面上项目"小檗碱作用下养殖池塘中微囊藻毒素时空分布特征及其与重要环境因子间相关性研究"（17JCYBJC29500）、天津市水产技术推广体系（ITTFRS2017015）等项目研究成果的基础上归纳总结，同时借鉴和引用前人的部分研究成果系统集成的。本书在概述可形成群体状态的微囊藻群体种类及相应的群体形态基础上，系统总结了微囊藻群体细胞的监测技术，随后重点剖析了自然水体中微囊藻群体的种群竞争优势及形成机制，最后系统阐述了微囊藻群体资源化利用现状、问题及发展前景。

全书共分为五章，第一章概述了微囊藻水华的危害与微囊藻群体形态及演变规律；第二章系统总结了微囊藻群体细胞的计数及产毒微囊藻丰度监测等方法；第三章系统阐述了微囊藻群体在促生长、抗逆、抗病、抵御浮游动物及滤食性鱼类牧食方面的种群竞争优势；第四章重点剖析了浮游动物诱发微囊藻群体形成，以及营养盐、光照强度、金属离子等环境因子和微囊藻毒素在微囊藻群体形成中的作用机制；第五章概述了微囊藻群体资源化利用现状、问题及发展前景。

本书在撰写过程中得到了南开大学周启星教授、中国科学院水生生物研究所李仁辉研究员、暨南大学韩博平教授、天津农学院张树林教授及戴伟副教授等专家、学者的悉心指导和热情支持，笔者表示衷心的感谢；同时，得到了南开大学、天津农学院及天津市现代水产生态健康养殖团队等单位及相关人员的大力支持，科学出版社为本书提出了建设性的意见，在此一并表示感谢。

尽管笔者在本书的科学性、创新性、系统性、前瞻性和实用性方面作出了较大的努力，但受笔者自身水平和学识所限，书中欠妥之处在所难免；同时在引用前人研究成果过程中可能存在标注不清或有疏漏之处，敬请各位专家、学者给予谅解和指导，更加欢迎大家参与到微囊藻群体的竞争优势及形成机制的研究工作中来，并对此提供支持，以不断完善这一研究。

毕相东

2017 年 9 月

目　　录

第一章　微囊藻水华危害及微囊藻群体形态

第一节　微囊藻水华的生态学危害

微囊藻（*Microcystis* sp.）是蓝藻中的重要类群之一，隶属于蓝藻门（Cyanophyta）色球藻目（Chroococcales）微囊藻科（Microcystaceae），是全球广布性的水华蓝藻种类，也是我国富营养化水体中最常见的蓝藻水华主要构成种类。随着我国工农业经济的快速发展，我国自然水体富营养化程度亦随之不断加剧，导致湖泊、河流等自然水体以微囊藻为主的蓝藻水华频繁发生。以微囊藻为主的蓝藻水华严重危害水体生态系统健康，进而威胁人类的身体健康。总体来说，微囊藻水华对水体生态系统的危害主要体现在以下 4 个方面。

首先，微囊藻为具有光合自养能力的原核生物，增殖周期短、抗逆性强（毕相东等，2011；Bi et al.，2013），在养殖生态系统的种群竞争中能够迅速占据绝对优势，导致水体生态系统浮游生物多样性大幅降低，严重破坏了水体生态系统的平衡性（Deng et al.，2014）。

其次，白天微囊藻在二氧化碳浓度不断降低的情况下可利用碳酸氢盐，导致水体中碳酸盐浓度升高，促使水体酸碱度快速上升（pH 可达 9.5～10），夜间由于微囊藻的呼吸作用，溶解氧含量大幅降低并释放出大量二氧化碳，导致水体酸碱度又快速下降，溶解氧含量的快速降低及酸碱度的大幅波动均可严重威胁水生动物的存活（支彦丽，2008）。

再次，微囊藻水华发生时以肉眼可见的微囊藻群体状态积聚于水体表层（Wang et al.，2013），降低水体的透明度，导致其他藻类光合作用受阻，水体溶解氧含量大幅降低，池塘底部包括衰亡蓝藻细胞在内的有机质厌氧分解产生大量羟胺及硫化氢等有毒物质，可不同程度地毒害水生动物（孙小静等，2007）。

最后，微囊藻包括产毒微囊藻与非产毒微囊藻两种基因型，两者在水体生态系统中共存。产毒微囊藻可产生一类化学性质稳定的原发性肝癌毒素——微囊藻毒素（microcystin，MC）。因 MC 水溶性好及耐热性高，世界卫生组织规定饮用水中 MC-LR（一种最为常见 MC 异构体）含量限定为 1μg/L 以下（World Health Organization，2003）。通过抑制蛋白磷酸酶 1 和蛋白磷酸酶 2A 的活性，MC 会对水生动物生长、发育及繁殖产生强烈的毒害作用（Ernst et al.，2001），并可随食物链在水生动物体内积累（Deblois et al.，2008；贾军梅等，2014），进而威胁人类身体健康（Meneely and Elliott，2013）。

第二节　微囊藻群体的形态及演变

微囊藻水华发生时的表现形式是以大量肉眼可见的微囊藻群体（藻华）（colonial，aggregates）漂浮于自然水体表面，微囊藻群体细胞数目一般少则几十上百个，多则成千上万个，可以说微囊藻群体是微囊藻水华危害的主要执行者。迄今为止，全球范围内先后共报道 50 余种微囊藻，而中国陆续记录报道共有 22 种。目前我国常见的微囊藻种类主要为：铜绿微囊藻（*M. aeruginosa*）、放射微囊藻（*M. botrys*）、坚实微囊藻（*M. firma*）、水华微囊藻（*M. flos-aquae*）、鱼害微囊藻（*M. ichthyoblabe*）、挪氏微囊藻（*M. novacekii*）、假丝微囊藻（*M. pseudofilamentosa*）、史密斯微囊藻（*M. smithii*）、绿色微囊藻（*M. viridis*）、惠氏微囊藻（*M. wesenbergii*）和片状微囊藻（*M. panniformis*）等。

微囊藻群体形态多为球形、椭圆形、不规则分叶状或长带状，部分种类为不规则树枝状。微囊藻群体的组成形式多为由单细胞聚集组成或由单细胞聚集成亚群体后再组成较大的大群体。藻细胞或松散、或紧密地排列在同一个群体的胶被中，排列方式规则或不规则。胶被大多无色、透明，少数种类具有颜色，坚固或仅具模糊的薄层，轮廓模糊或清楚。胶被紧贴或不紧贴细胞。有的种类表面有明显的折光。群体内单个细胞球形或近球形，没有胶被，内含气囊（gas vesicle）。繁殖时群体瓦解为小的细胞群或独立的单个细胞（虞功亮等，2007）。不同种类的微囊藻在群体形状、群体内细胞的间距及排列方式、胶被形态及胶鞘离细胞群体边缘的距离等方面具有非常鲜明的自身特点，因此其群体形态特征已经成为微囊藻重要的分类学特征之一。

一、不同种类微囊藻群体的形态

（一）铜绿微囊藻（*M. aeruginosa*）群体

群体团块较大，一般肉眼可见。群体形态变化较大，发育早期多为球形或椭圆形，中间密实，为青绿色或黑绿色。

随着发育过程群体不断增大，最终易形成不规则形状，胶被的某些区域也常破裂或穿孔，使群体成为树枝状或似窗格的网状体；群体胶被质地均匀，无色或微黄绿色，不明显，无折光，无分层；胶被不密贴细胞，距离 2μm 以上。胶被内细胞呈球形，排列较紧密；细胞原生质体深蓝绿色或黑绿色，有气囊（图 1-1）（虞功亮等，2007）。

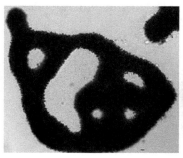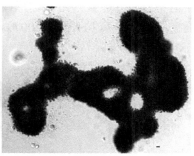

图 1-1　铜绿微囊藻（*M. aeruginosa*）群体形态

标尺为 10μm

（引自虞功亮等，2007）

（二）放射微囊藻（*M. botrys*）群体

群体外形为球形或近球形，自由漂浮。群体直径一般在 50～200μm 甚至以上；群体通过胶被连接，堆积成更大的球体或不规则的群体，不形成穿孔或树枝状；胶被无色或微黄绿色，明显但边界模糊，无折光，易溶解；胶被不密贴细胞，距离 2μm 以上；胶被内细胞排列较紧密，呈放射状，外层有少数细胞独立且稍远离群体；细胞球形，其大小介于水华微囊藻与铜绿微囊藻之间；细胞原生质体蓝绿色或浅棕黄色，有气囊（图 1-2）（虞功亮等，2007；虞功亮和李仁辉，2007）。

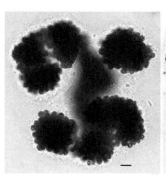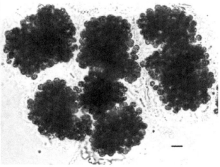

图 1-2　放射微囊藻（*M. botrys*）群体形态

标尺为 10μm

（引自虞功亮等，2007）

（三）坚实微囊藻（*M. firma*）群体

群体团块较小，结实，质地较致密，有时肉眼可见，自由漂浮；棕褐色，扁平状，不形成穿孔或树枝状；胶被坚硬，无色，不明显，无折光；胶被稍贴细胞群体边缘，但不密贴；胶被内细胞球形，排列密集，透光性弱；细胞原生质体棕色，有气囊（图 1-3）（虞功亮等，2007）。

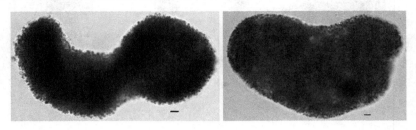

图 1-3 坚实微囊藻（*M. firma*）群体形态

标尺为 10μm

（引自虞功亮等，2007）

（四）水华微囊藻（*M. flos-aquae*）群体

群体团块较小，较结实，自由漂浮。橄榄绿色或棕色，多为球形、椭圆形或不规则形，不形成穿孔和树枝状；在成熟群体中偶尔也有不明显的小孔；群体有时大型，肉眼可见。胶被无色透明，不明显，无折光，易溶解；胶被密贴细胞群体边缘，胶被内细胞排列较密集；细胞球形，细胞原生质体蓝绿色或棕黄色，有气囊（图 1-4）（虞功亮等，2007）。

图 1-4 水华微囊藻（*M. flos-aquae*）群体形态

标尺为 10μm

（引自虞功亮等，2007）

（五）鱼害微囊藻（*M. ichthyoblabe*）群体

群体自由漂浮，蓝绿色或棕黄色，不定形、海绵状，肉眼可见；不形成叶状，但有时在少数成熟的群体中可见不明显穿孔；胶被透明、易溶解，不明显，无色或微黄绿色，无折光；胶被密贴细胞群体边缘，胶被内细胞排列不紧密，常聚集为多个小细胞群；细胞小，球形，细胞原生质体蓝绿色或棕黄色，有气囊（图 1-5）（虞功亮等，2007）。

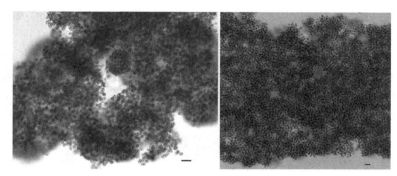

图 1-5　鱼害微囊藻（*M. ichthyoblabe*）群体形态

标尺为 10μm

（引自虞功亮等，2007）

（六）挪氏微囊藻（*M. novacekii*）群体

群体球形或不规则球形，团块较小，直径一般在 50～300μm，自由漂浮。群体之间通过胶被连接，堆积成更大的球体或不规则的群体，一般为 3～5 个小群体连接成环状，但群体内不形成穿孔或树枝状；胶被无色或微黄绿色，明显但边界模糊，易溶解，无折光；胶被离细胞边缘远，距离 5μm 以上；胶被内细胞排列不十分紧密，外层细胞呈放射状排列，少数细胞散离群体；细胞球形，其大小介于水华微囊藻与铜绿微囊藻之间，细胞原生质体黄绿色，有气囊（图 1-6）（虞功亮等，2007；虞功亮和李仁辉，2007）。

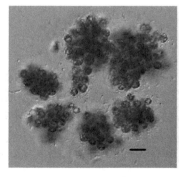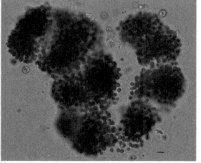

图 1-6　挪氏微囊藻（*M. novacekii*）群体形态

标尺为 10μm

（引自虞功亮等，2007）

（七）假丝微囊藻（*M. pseudofilamentosa*）群体

群体窄长，带状，自由漂浮；藻体每隔一段有一个收缢和一个相对膨大的部分，膨大处的细胞较收缢处相对密集，收缢和膨大使整个藻体形成类似分节的串联体；藻体通常由 2～20 个以上这样的亚群体组成，当串联到一定长度和规模时，藻体局部常扩大或断裂成网状或树枝状；群体一般宽 17～35μm，长可达 1000μm；群体胶被无色透明，不明显，易溶解，无折光；细胞充满胶被，随机密集排列；细胞较大，球形，细胞原生质体蓝绿色或茶青色，有气囊（图 1-7）（虞功亮等，2007）。

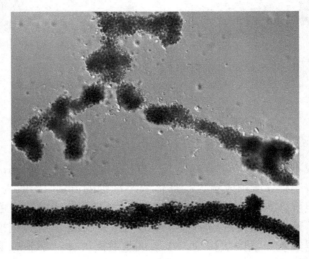

图 1-7　假丝微囊藻（*M. pseudofilamentosa*）群体形态

标尺为 10μm

（引自虞功亮等，2007）

（八）史密斯微囊藻（*M. smithii*）群体

群体团块较小，自由漂浮；球形或近球形，不形成穿孔或树枝状，直径一般在 30μm 以上，有的可以超过 1000μm；胶被无色或微黄绿色，易见但边界模糊，无折光，易溶解；胶被离细胞边缘远，距离 5μm 以上；胶被内细胞围绕胶被稀疏而有规律地排列，细胞单个或成对出现；细胞间隙较大，一般远大于其细胞直径；细胞球形，大小介于水华微囊藻与铜绿微囊藻之间，大于坚实微囊藻；细胞原生质体蓝绿色或茶青色，有气囊（图 1-8）（虞功亮等，2007；虞功亮和李仁辉，2007）。

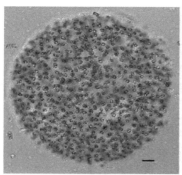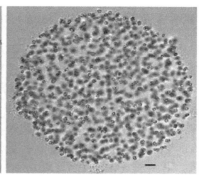

图 1-8　史密斯微囊藻（*M. smithii*）群体形态

标尺为 10μm

（引自虞功亮等，2007）

（九）绿色微囊藻（*M. viridis*）群体

自由漂浮，群体绿色或棕褐色，通常由上下两层 8 个细胞对称排列组成小型立方形亚单位，再由 4 个亚单位组成 32 个细胞的规则方形小群体单位；每个小群体单位及其亚单位都有各自的胶被，但亚单位的胶被通常与群体单位的胶被融合在一起，胶被将各亚单位以及各群体相隔开；以小群体单位为基础，通过胶被连接和组合，群体可形成大型团块，肉眼可见，不形成穿孔或树枝状，大群体中各小群体的排列时常无规律、不整齐；各小群体间的间距远大于小群体内各亚单位的间距。绿色微囊藻群体胶被无色，易见，边界模糊，无折光，易溶解。胶被离细胞边缘远，距离 5～10μm 甚至以上；群体中细胞成对出现，分布不密贴，排列规则；细胞间隙较大，一般远大于细胞直径；细胞较大，球形或近球形，细胞原生质体蓝绿色或棕色，有气囊（图 1-9）（虞功亮等，2007）。

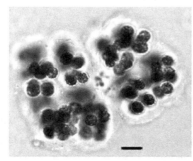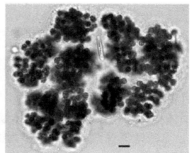

图 1-9　绿色微囊藻（*M. viridis*）群体形态

标尺为 10μm

（引自虞功亮等，2007）

（十）惠氏微囊藻（*M. wesenbergii*）群体

群体自由漂浮，形态变化最多，有球形、椭圆形、卵形、肾形、圆筒状、叶瓣状或不规则形，常通过胶被串联成树枝状或网状，集合成更大的群体，为肉眼可见；群体胶被明显，边界明确，无色透亮，坚固不易溶解，分层且有明显折光；胶被离细胞边缘远，距离 5～10μm 甚至以上；群体内细胞较少，细胞一般沿胶被单层随机排列，形成中空的群体；细胞较少密集排列，但有时细胞排列很整齐、有规律，有时也充满整个胶被；细胞较大，球形或近球形，细胞原生质体深蓝绿色或深褐色，有气囊（图 1-10）（虞功亮等，2007）。

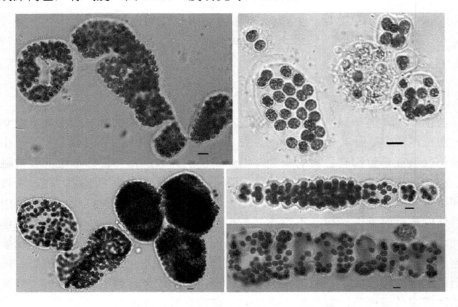

图 1-10　惠氏微囊藻（*M. wesenbergii*）群体形态

标尺为 10μm

（引自虞功亮等，2007）

（十一）片状微囊藻（*M. panniformis*）群体

群体自由漂浮，肉眼可见，浅绿色，常见群体大小为 1～2cm，个别群体差异较大；幼藻体不规则，紧密聚合呈立体簇，长成后呈扁平状（片状、席状和不规则扁平状）；显微镜下观察成熟群体多为棕褐色，群体不规则扁平到单层，不明显穿孔或具明显穿孔（老群体），群体边缘不规则，无明显边缘或重叠细胞，胶质不明显；细胞球形，均匀排列，直径 4.7μm（2.6～6.8μm），具气囊（图 1-11）（张军毅等，2012）。

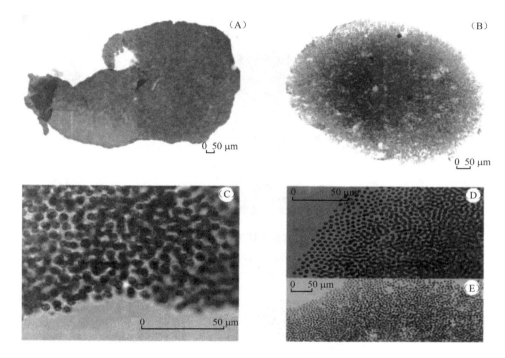

图 1-11 片状微囊藻（*M. panniformis*）群体形态

（A）完整的扁平群体；（B）明显穿孔的单层群体；（C）400 倍下群体边缘细胞；
（D）400 倍下群体边缘明显单层细胞；（E）200 倍下群体边缘明显单层细胞
（引自张军毅等，2012）

二、微囊藻群体种类及大小的演变规律

（一）随季节转换的演变规律

随着季节的转换，自然水体中微囊藻群体的组成种类及形态变化非常明显。以太湖为例，在夏季及秋季蓝藻暴发期太湖水体中微囊藻群体种类及形态主要以直径小于 300～700μm 的铜绿微囊藻群体（*M. aeruginosa* colony）及直径为 100～400μm 的惠氏微囊藻群体（*M. wesenbergii* colony）为主；而冬春季主要以直径小于 100～400μm 的鱼害微囊藻群体（*M. ichthyoblabe* colony）及其他或未知的小尺寸微囊藻群体为主（图 1-12）。另外，研究表明，所有种类微囊藻群体自 4 月开始尺寸不断增加，直至 10 月各种微囊藻群体的尺寸达到峰值，随后在 11 月微囊藻群体急剧变小（图 1-13）。

（二）随空间位置转换的变化规律

研究表明，自然水体中微囊藻群体的组成种类及形态随空间位置的转换具有

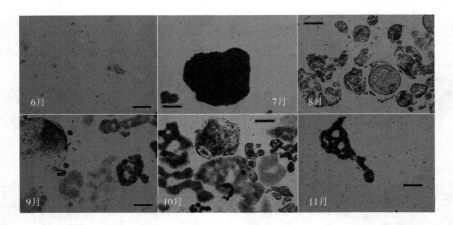

图 1-12　不同时期太湖中微囊藻群体的种类及形态变化的显微观察图

标尺为 200μm

（引自 Li et al.，2013）

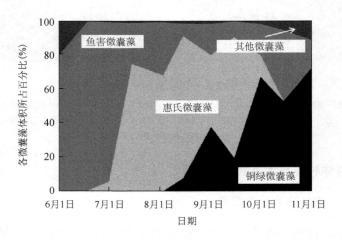

图 1-13　不同时期太湖中微囊藻群体的种类变化规律

（引自 Li et al.，2013）

明显的变化规律。从春末到秋末，太湖中心水体下层主要是鱼害微囊藻（*M. ichthyoblabe*）占据优势，其余时间段以其他种类的微囊藻群体及其他藻类群体为主（图 1-14）。由图 1-15 可以看出，除鱼害微囊藻外，多数种类的微囊藻群体在整水柱中分布较为均匀，而在水华发生期惠氏微囊藻（*M. wesenbergii*）和铜绿微囊藻（*M. aeruginosa*）主要聚集于水柱的上层，整体上来看，微囊藻群体尺寸随着水柱水层的下降而减小。

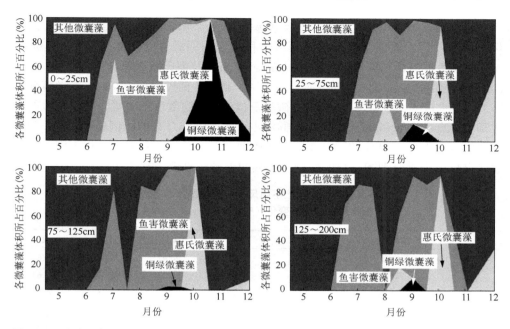

图 1-14　随季节变化太湖湖中心水域不同水层主要微囊藻群体占据总微囊藻的体积比变化规律

（引自 Zhu et al.，2015）

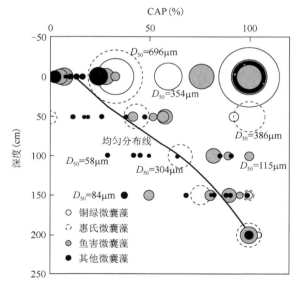

图 1-15　总微囊藻尺寸变化与不同种类微囊藻在整水柱中细胞密度占比（CAP）间关联性

D_{50} 是指总微囊藻中有低于 50% 微囊藻群体大小低于相应的尺寸数值；
而图中的曲线代表当 CAP 均匀分布于整水柱中时的变化趋势

（引自 Zhu et al.，2015）

　　天津市水域生态研究组在研究蓝藻暴发期海河干流不同位点微囊藻群体的变化特征时发现，海河干流的微囊藻群体种类以铜绿微囊藻群体（*M. aeruginosa* colony）、鱼害微囊藻群体（*M. ichthyoblabe* colony）及挪氏微囊藻群体（*M. novacekii* colony）为主，各位点的全部微囊藻群体中大群体（直径为 20～90μm 的微囊藻群体）或超大群体（即直径＞90μm 的微囊藻群体）细胞数占据微囊藻细胞总数的绝大部分，直径为 8～20μm 的微囊藻群体占微囊藻细胞总数的比例相对较低，而直径＜8μm 的微囊藻群体细胞总数所占比例则更低。总体上各采样位点不同直径微囊藻群体占微囊藻细胞总数的比例有明显的差异，见表 1-1。

表 1-1　蓝藻暴发期海河干流不同尺寸微囊藻群体细胞数目占微囊藻
细胞总数的比例变化（%）（毕相东，2016）

	群体类型	ED	XJ	WH	GH	JG
7月26日	超大群体	9.33	38.20	20.97	5.12	21.65
	大群体	57.46	25.96	51.27	77.73	72.64
	中群体	13.33	12.84	5.08	1.98	2.76
	小群体	19.88	22.99	22.67	15.17	2.95
8月20日	超大群体	10.68	50.88	63.36	28.06	55.78
	大群体	53.69	24.36	18.28	34.41	19.48
	中群体	14.58	6.68	8.68	15.21	11.03
	小群体	21.05	18.07	9.68	22.32	13.71
9月12日	超大群体	21.07	28.89	28.45	42.82	16.91
	大群体	47.80	25.21	61.56	56.93	74.71
	中群体	5.81	6.74	4.81	0.07	5.07
	小群体	25.31	39.16	5.18	0.18	3.31
10月4日	超大群体	32.22	18.00	40.26	48.01	2.79
	大群体	28.16	28.44	42.77	43.94	43.46
	中群体	28.30	32.27	11.64	7.38	38.82
	小群体	11.33	21.29	5.34	0.67	14.93

　　注：ED，二道闸；XJ，西减河闸；WH，外环桥；GH，光华桥；JG，金刚桥

参 考 文 献

毕相东. 2016. 产毒微囊藻在微囊藻群体形成中的作用机制. 天津: 南开大学博士后出站报告.

毕相东, 张树林, 张鹏. 2011. 铜绿微囊藻在光限制胁迫下的超补偿生长响应. 水生态学杂志, 32(1): 94-98.

贾军梅, 罗维, 吕永龙. 2014. 太湖鲫鱼和鲤鱼体内微囊藻毒素的累积及健康风险. 环境化学, 33(2): 186-193.

孙小静, 秦伯强, 朱广伟. 2007. 蓝藻死亡分解过程中胶体态磷、氮、有机碳的释放. 中国环境科学, 27(3): 341-345.

虞功亮, 李仁辉. 2007. 中国淡水微囊藻三个新记录种. 植物分类学报, 45(3): 353-358.

虞功亮, 宋立荣, 李仁辉. 2007.中国淡水微囊藻属常见种类的分类学讨论——以滇池为例.植物分类学报, 45(5): 727-741.

张军毅, 朱冰川, 吴志坚, 等. 2012. 片状微囊藻(*Microcystis panniformis*)——中国微囊藻属的一个新记录种. 湖泊科学, 24(4): 647-650.

支彦丽. 2008. 小型景观水体浮游藻类优势演替及其碳酸氢盐利用探讨. 天津: 南开大学硕士学位论文.

Bi X D, Zhang S L, Dai W, et al. 2013. Effects of lead (II) on the extracellular polysaccharide (EPS) production and colony formation of cultured *Microcystis aeruginosa*. Water Science and Technology, 67(4): 803-809.

Deblois C P, Aranda-Rodriguez R, Giani A, et al. 2008. Microcystin accumulation in liver and muscle of tilapia in two large Brazilian hydroelectric reservoirs. Toxicon, 51(3): 435-448.

Deng J M, Qin B Q, Paerl H W, et al. 2014. Effects of nutrients, temperature and their interactions on spring phytoplankton community succession in Lake Taihu, China. PLoS One, 9(12): e113960.

Ernst B, Hitzfeld B, Dietrich D. 2001. Presence of *Planktothrix* sp. and cyanobacterial toxins in Lake Ammersee, Germany and their impact on whitefish (*Coregonus lavaretus* L.). Environmental Toxicology, 16(6): 483-488.

Li M, Zhu W, Gao L, et al. 2013. Seasonal variations of morphospecies composition and colony size of *Microcystis* in a shallow hypertrophic lake (Lake Taihu, China). Fresenius Environmental Bulletin, 22(12): 3474-3483.

Meneely J P, Elliott C T. 2013. Microcystins: measuring human exposure and the impact on human health. Biomarkers, 18(8): 639-649.

Wang X Y, Sun M J, Xie M J, et al. 2013. Differences in microcystin production and genotype composition among *Microcystis* colonies of different sizes in Lake Taihu. Water Research, 47(15): 5659-5669.

World Health Organization. 2003. Cyanobacterial toxins: Microcystin-LR in drinking-water. Background document for development of WHO guidelines for drinking-water quality Geneva, Switzerland. 2nd ed. World Health Organization.

Zhu W, Li M, Dai X, et al. 2015. Differences in vertical distribution of *Microcystis* morphospecies composition in a shallow hypertrophic lake (Lake Taihu, China). Environmental Earth Sciences, 73(9): 5721-5730.

第二章　微囊藻群体细胞数目的监测

第一节　微囊藻群体总细胞数目的监测

自然水体中微囊藻细胞数目的精准监测可为以微囊藻为主的蓝藻水华预警和防控提供科学高效的参考数据。与单细胞藻类细胞监测相比，以群体形态为主的微囊藻细胞计数存在很多技术上的障碍。目前，群体微囊藻细胞计数总体上可以分为两种方式：一种方式需要将微囊藻群体分散为单细胞或易于定量的小群体后进行计数，常见的有显微镜检计数法、流式细胞术计数法、吸光度换算计数法、叶绿素 a 含量换算计数法、β-环柠檬醛浓度换算计数法及荧光图像分析计数法；另一种方式则是利用分子生物学及图像分析技术等对群体细胞直接进行计数，具体包括荧光定量聚合酶链反应（polymerase chain reaction，PCR）检测基因片段计数法、酶联夹心杂交检测基因片段计数法、基于微囊藻群体体积/最大投影面积的估算计数法等。然而，目前世界范围内微囊藻群体细胞计数还未形成明确统一的标准方法。

一、分散计数法

（一）群体细胞的分散

目前报道的有关野外微囊藻群体细胞的分散方法有超声处理法、漩涡振荡处理法、煮沸处理法、二氧化钛加紫外线处理法、玻璃珠磁力搅拌处理法，加酸或加碱水解法等。为了提高微囊藻群体细胞计数的准确性，群体细胞分散时应该避免使细胞产生破损，并且完全分散为单细胞，目前比较符合这两点要求的方法主要有以下 3 种。

1. 超声处理法

超声处理法主要利用强超声在液体中产生的空化效应使微囊藻群体解体，进而提高水样中微囊藻细胞分布均匀度。赵洋甬等（2010）采用传统镜检法对经过超声波处理和未经过超声波处理的 A、B 两组水样进行计数，发现未经超声波处理的水样中微囊藻细胞的分布非常不均匀，细胞计数相对标准偏差都在 40%以上，仅采用镜检法计数 1～2 片细胞数目从而确定水样中的微囊藻细胞数量存在很大的随机误差，不能科学而快速地测出其真实细胞密度；而使用 40kHz 超声波分散微囊藻群体 9min 左右后再进行镜检，处理后的 A、B 两组水样的相对标准偏差降低到 10%左右。因此，超声波处理后即使在较少计数的条件下也能较科学准确地监测出水体中微囊藻细胞密度水平（表 2-1）。因此，超声处理法成为众多研究者常用的微囊藻群体细胞分散方法（Kurmayer et al.，2003；Wang et al.，2013；康丽娟和孙从军，2015a）。

表 2-1　超声波处理和未经超声波处理水样中微囊藻细胞密度（单位：×10⁸cells/L）（赵洋甬等，2010）

样品分组	1 片	2 片	3 片	4 片	5 片	6 片	7 片	均值	相对标准偏差
A1	0.67	1.24	0.59	1.19	0.99	2.00	0.89	1.08	43.6%
B1	2.36	3.46	1.56	0.98	4.01	2.14	1.86	2.34	45.4%
A2	1.17	1.13	0.92	1.01	0.92	1.02	0.82	1.00	12.4%
B2	2.01	2.16	2.29	2.41	1.85	2.03	1.93	2.10	9.54%

注：A1 和 B1 为未经超声波处理水样中微囊藻计数结果，A2 和 B2 为经过超声波处理水样中微囊藻计数结果

微囊藻群体分散效果主要受超声波的作用频率及作用时间影响，因此为了提高群体细胞计数准确性，超声波处理的最佳作用频率与最佳作用时间的选择尤为重要。赵洋甬等（2010）通过计数的相对偏差情况确定超声波分散水样中微囊藻群体的最佳作用时间为 9min 左右（表 2-2），最佳作用频率为 40kHz（表 2-3）。

表 2-2　超声波作用时间对计数结果的影响（单位：×10⁸cells/L）（赵洋甬等，2010）

平行样	1min	3min	5min	9min	15min	20min
1	3.55	0.98	1.96	2.01	1.77	1.33
2	1.98	3.36	2.66	2.33	1.86	1.21
3	0.86	2.46	2.84	1.86	1.96	1.45
4	2.56	2.86	1.53	2.01	1.58	1.18
均值	2.24	2.42	2.25	2.05	1.79	1.29
相对标准偏差	50.24%	42.45%	27.17%	9.65%	9.01%	9.55%

表 2-3　超声波作用频率对计数结果的影响（单位：×10⁸cells/L）（赵洋甬等，2010）

平行样	20kHz	40kHz	60kHz	80kHz	100kHz	120kHz
1	1.65	2.01	1.76	1.67	1.79	2.04
2	1.98	2.33	1.94	1.55	2.06	1.83
3	2.36	1.86	2.09	1.84	1.88	1.92
4	2.58	2.01	1.68	1.89	2.24	2.28
均值	2.14	2.05	1.87	1.74	1.99	2.02
相对标准偏差	19.20%	9.65%	9.85%	9.01%	10.02%	9.67%

在超声波作用下，大尺寸微囊藻群体中的藻细胞间隙逐渐增大，使排列较为紧密结实的微囊藻大群体逐步转变为排列松散的微囊藻小群体，便于镜检工作的

顺利进行（图 2-1），从而使水体中微囊藻群体细胞计数更为准确。但是，该方法无法使微囊藻群体细胞完全分散为单细胞，因而无法避免计数时误差的发生，在一定程度上降低了微囊藻群体细胞计数的准确性。另外，超声波较强的空化作用可使水体中的微气泡迅速膨胀后突然闭合，产生冲击波和射流，从而破坏生物膜与细胞核的物理结构及构型，不可避免地造成部分藻细胞解体，由此直接造成超声波处理后的微囊藻细胞密度要比处理前明显下降。因此，为了得到更为接近水体中微囊藻实际数量的数据，计数时还需要考虑超声波处理后解体细胞的损失情况。

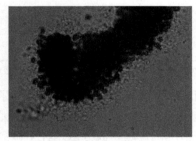
处理前微囊藻形态

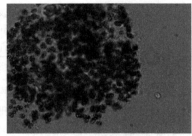
超声波作用 5min 后微囊藻形态

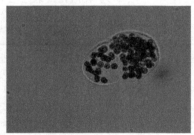
超声波作用 9min 后微囊藻形态

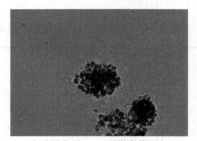
超声波作用 9min 后微囊藻形态

图 2-1　超声波处理前后微囊藻群体形态变化

（引自赵洋甬等，2010）

2. 煮沸处理法

为了将微囊藻群体细胞完全分散为单细胞，Joung 等（2006）对 4 种群体细胞分离方法（煮沸处理法、漩涡振荡处理法、超声波处理法、二氧化钛加紫外线处理法）进行了对比。用漩涡振荡处理法、超声波处理法、二氧化钛加紫外线处理法处理相同时间（5min）后，水样中除了完全分散的单细胞外，还存在较多不易计数的微囊藻群体。与以上 3 种方法相比，煮沸处理法处理的水样中不易计数的群体数量减少，提高了计数的准确性（图 2-2）。对比煮沸时间发现，煮沸处理 6min 时群体细胞分离效果最佳（表 2-4）。对比单细胞铜绿微囊藻（*M. aeruginosa*

UTEX 2388）煮沸前后的细胞计数结果，煮沸处理法不会在分离群体细胞过程中引起细胞破损进而影响计数的准确性（Joung et al.，2006）。煮沸处理法不仅提高了计数的准确性，而且与其他需要使用特定分离设备（如漩涡振荡器、超声波破碎仪）的群体细胞分离方法相比，更为简便快捷。

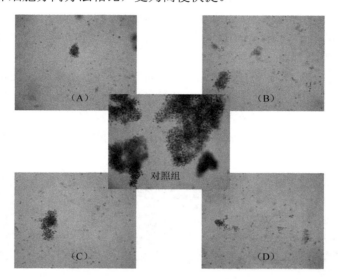

图 2-2　4 种微囊藻群体细胞分散方法处理后细胞分离效果比较

（A）漩涡振荡处理法；（B）超声波处理法；（C）二氧化钛加紫外线处理法；
（D）煮沸处理法；对照组. 未经任何分离处理
（引自 Joung et al.，2006）

表 2-4　煮沸处理不同时间后群体细胞分散效果比较
（平均值±SE，n=20）（Joung et al.，2006）

分组	煮沸时间（min）					
	4	5	6	7	8	9
藻细胞的平均数（×10^5 cells/colony）	5.8 ± 0.6	6.4 ± 0.7	6.9 ± 0.7	6.0 ± 0.4	5.8 ±0.4	5.7 ± 0.3

3. 玻璃珠磁力搅拌处理法

高速磁力搅拌结合玻璃珠的作用，在乙二胺四乙酸（EDTA）溶液的配合下可将细菌及真菌细胞的胞外多糖洗脱下来且不破坏细菌或真菌细胞的完整性。毕相东等（2013）借鉴此法建立了一种微囊藻群体细胞分离计数方法。利用玻璃珠加磁力搅拌分离微囊藻群体细胞的步骤如下。

（1）定量采集微囊藻水华暴发盛期的自然水体的水样 1L。

（2）将采集到的水样经孔径约为 0.45μm 的微孔滤膜过滤，微囊藻样品则附着在微孔滤膜上。

（3）将过滤后附着在微孔滤膜上的微囊藻群体样品再次悬浮在含有 10mL 10^{-3} mol/L EDTA 溶液的 100mL 烧杯中。

（4）向上述 100mL 烧杯加入 100 个小玻璃珠后，1600r/min 磁力搅拌 90～110min。在显微镜下每隔 5min 查看微囊藻群体细胞分散过程，直至微囊藻群体细胞完全分散为单细胞。

目前该群体细胞分散方法已成功应用到野外各种自然水体的微囊藻群体细胞的常规监测中。例如，利用该方法成功分散了天津市津河流域 2013 年 7 月 3 日八里台段暴发微囊藻水华时的微囊藻群体细胞（图 2-3）。经该方法分离后镜检计数得到的微囊藻群体细胞（含铜绿微囊藻 *M. aeruginosa* 和鱼害微囊藻 *M. ichthyoblabe*）密度为 2.42×10^8 cells/L。

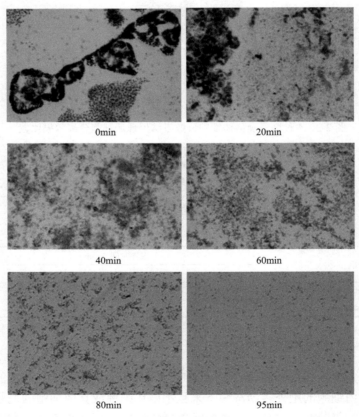

图 2-3　津河微囊藻群体在玻璃珠磁力搅拌处理后形态的变化

（引自毕相东等，2013）

该群体细胞分散的方法也成功地应用于养殖水体微囊藻细胞密度监测。采用该方法计数得到 2013 年 7 月 5 日天津农学院鲤鱼良种场 3 号池养殖水体的微囊藻细胞（含铜绿微囊藻 *M. aeruginosa* 和鱼害微囊藻 *M. ichthyoblabe*）密度为 6.42×10^7cells/L（图 2-4）。

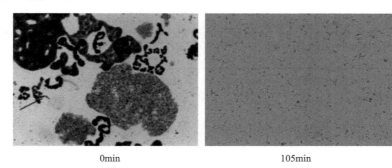

0min　　　　　　　　　　　105min

图 2-4　养殖水体微囊藻群体在玻璃珠磁力搅拌处理后形态的变化

（引自毕相东等，2013）

与其他微囊藻群体细胞分散方法相比，玻璃珠磁力搅拌处理法不仅能够完全将群体细胞分散为单细胞，并且可以避免分离细胞出现破损，因而有效地提高了微囊藻群体细胞计数的准确性，可广泛应用于人工供水系统、湖泊、水库和池塘等各种淡水水体微囊藻群体细胞数目的监测。

（二）微囊藻群体细胞分散后的计数方法

微囊藻群体细胞有效分散后，可通过镜检计数法、流式细胞术计数法、吸光度换算计数法等检测方法进行计数。

1. 显微镜检计数法

藻类的光学显微镜检计数法是一种常用的藻细胞计数法，可以直接观察辨别藻细胞的种类，并进行计数。计数时将待测水样加入一定体积的特制计数框中，光学显微镜下计数后进行换算，进而求得水样中的藻细胞数目。藻类计数框一般分为两种，血球计数板和浮游植物计数框。周绪申等（2016）分别用两种计数框测定了不同密度纯培养铜绿微囊藻（*M. aeruginosa*），结果显示血球计数板所测定的细胞密度显著大于浮游植物计数框所测定的细胞密度，两者之间的差异约为33.6 倍（表 2-5）。

同精准仪器监测结果对比分析可知，浮游植物计数框计数结果较精确，血球计数板的计数结果修正方程为 $y = 0.0298x$（图 2-5）。

表 2-5　铜绿微囊藻血球计数板和浮游植物计数框的计数值对比（周绪申等，2016）

实验次数	细胞浓度（×10^{6}cells/L）		倍数（血/浮）
	血球计数板	浮游植物计数框	
第一次	22 720	689.2	33.0
	9 328	218.5	42.7
第二次	7 280	258.5	28.2
	7 760	227.67	34.1

注：血/浮为血球计数板的计数结果与浮游植物计数框计数结果的比值

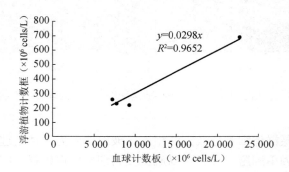

图 2-5　铜绿微囊藻血球计数板和浮游植物计数框计数关系式

（引自周绪申等，2016）

2. 流式细胞术计数法

流式细胞术（flow cytometry，FCM）是集光电和计算机一体化的生物学测定技术，主要包括样品的液流技术、细胞的计数和分选技术、计算机对数据的采集和分析技术等，可以对单细胞悬液进行自动快速定量分析和分选（郭沛涌等，2002），具有快速、准确、自动化程度高的特点。20 世纪 80 年代末，荷兰学者首次将流式细胞术应用于藻类的检测（Peeters et al.，1989；Dubelaar et al.，1989）。陈慧婷等（2013）建立了应用双组分绝对计数微球进行铜绿微囊藻细胞计数的流式细胞仪分析方法。双组分绝对计数微球试剂中包含 A、B 两种微球，可以通过流式细胞仪的 FL3 通道加以区分。将 20μL 计数微球加入 1mL 藻液中，混匀 30s，用流式细胞仪检测，激发波长为 488nm。由 FL3 通道收集计数微球荧光，如图 2-6 所示。藻细胞数计算公式为

$$最终精确计数结果 = \frac{测定的细胞数}{测定的微球数（A+B）} \times 微球的浓度（已知）$$

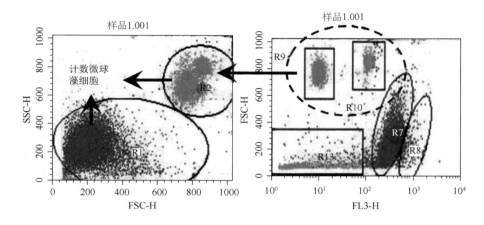

图 2-6　添加计数微球后铜绿微囊藻细胞计数图（彩图详见封底二维码）

R1. 藻细胞；R2. 计数微球；R7、R8. 藻细胞；R9. 计数微球组分 A；R10. 计数微球组分 B；R13. 杂质；
SSC-H. 侧向角散射高度；FSC-H. 前向角散射高度；FL3-H. 通道 3 的脉冲高度
（引自陈慧婷等，2013）

应用该方法的计数结果与显微计数结果具有较好的线性相关性（R^2=0.980），并且使单样品操作时间缩短至 5min 以内。另外，应用流式细胞仪和染料 SYBR Green I 和碘化丙啶（PI）双染色还可以灵敏地监测铜绿微囊藻细胞的死/活状态（图 2-7）。

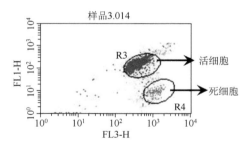

图 2-7　SYBR Green I 和 PI 染色后铜绿微囊藻细胞的死/活状态（彩图详见封底二维码）

R3. 活细胞区域；R4. 死细胞区域；FL1-H. 通道 1 的脉冲高度
（引自陈慧婷等，2013）

值得注意的是，应用流式细胞术进行微囊藻细胞计数时，若微囊藻细胞密度过低，则测定的准确率降低。因此，利用流式细胞术进行微囊藻计数时，需要考虑检测限问题。例如，康丽娟和孙从军（2015a）分别对室内培养的铜绿微囊藻藻液（细胞密度为 $1.47×10^9$cells/L）稀释不同倍数后用流式细胞术逐一测定，发现当测定值在 $4.7×10^6$cells/L 以上时测定结果与理论值相差在 1%以内，准确度较高。随着稀释倍数的增大，测定结果与理论值的相对误差逐渐增加。当测定

值低于 $0.2×10^6$cells/L 时，相对误差超过 100%。故应用流式细胞术测定铜绿微囊藻细胞密度限值为 $5.0×10^6$cells/L，当样品中藻细胞密度低于该限值时，可适当浓缩样品。

应用流式细胞术可对混有其他藻类、杂质水样中的微囊藻进行分选计数。目前，已有研究者筛选出基于流式细胞术的铜绿微囊藻特征指标，具有稳定性、代表性、唯一性及可比性等特点，能够有效区分铜绿微囊藻与杂质或其他藻类的干扰信号。康丽娟和孙从军（2015b）筛选出 FL Red Average、SWS Average 与 FL Orange Average 为铜绿微囊藻特征指标，相应的取值为 1.39～17.72mV、22.05～781.15mV 和 0.43～1.84mV，实现了铜绿微囊藻与杂质和蛋白核小球藻的有效区分。范宇（2014）利用室内纯培养体系，在 500 多个备选指标中筛选出 5 个指标（FWS Average、SWS Average、FL Orange Average、FL Yellow Average 和 FL Red Average）作为铜绿微囊藻特征指标，其对应取值分别为 142.33～482.07mV、94.00～499.40mV、0.55～1.51mV、0.53～1.27mV、3.30～10.20mV。利用以上筛选出的特征参数及其取值范围，可以实现铜绿微囊藻与其余 12 种常见藻的检测区分，对混合纯种藻中铜绿微囊藻的区分识别率达到 90%左右。

3. 吸光度换算计数法

传统镜检计数法需要连续观察多个视野，效率低，耗费时间和体力较大，流式细胞术计数法虽然准确快速，但是仪器价格昂贵，不可普遍使用。因此，需要找到一种简便快捷的方法对引起水华的微囊藻数量进行快速判断，在第一时间掌握微囊藻水华暴发的数据资料，为水环境的应急处理奠定基础。

吸光度换算计数法通过测定不同浓度微囊藻在特定波长处的吸光度（OD 值），同时用显微镜对藻细胞精确计数，在吸光度和细胞密度之间建立了良好的线性关系，然后根据得到的校正曲线或回归方程对待测水样中的微囊藻进行计数。与其他计数方法相比，吸光度换算计数法具有简单、方便、有效、快速的特点。应用吸光度换算计数法进行微囊藻细胞计数时，不同研究者采用的测定波长也各有不同。吴春媛等（2016）发现不同波长处测得的铜绿微囊藻（*M. aeruginosa* PCC7806）OD 值与藻细胞密度的相关性具有一定的差异，波长越长，线性关系越好，720nm 测得的相关系数最高（表 2-6）。

表 2-6 不同密度铜绿微囊藻（*M. aeruginosa* PCC7806）
在不同波长下的 OD 值（吴春媛等，2016）

波长（nm）	藻细胞密度（$×10^7$cells/mL）						线性关系式	相关系数
	0.00	2.98	4.95	7.55	8.56	12.70		
550	0.00	0.29	0.53	0.76	0.96	1.07	$y=9×10^{-9}x+0.5480$	$R^2=0.9534$

波长（nm）	藻细胞密度（×10⁷cells/mL）						线性关系式	相关系数
	0.00	2.98	4.95	7.55	8.56	12.70		
580	0.00	0.27	0.50	0.73	0.95	1.08	$y=9\times10^{-9}x+0.0371$	$R^2=0.9598$
650	0.00	0.26	0.49	0.72	0.95	1.09	$y=9\times10^{-9}x+0.0289$	$R^2=0.9619$
680	0.00	0.28	0.52	0.77	1.02	1.17	$y=9\times10^{-9}x+0.0251$	$R^2=0.9631$
720	0.00	0.22	0.42	0.62	0.82	0.94	$y=9\times10^{-9}x+0.0218$	$R^2=0.9634$

注：x 为藻细胞密度，y 为 OD 值

郑春艳和张庭廷（2008）研究发现，铜绿微囊藻的细胞数和 650nm 处 OD 值之间的相关性非常显著（r 值均在 0.86 以上）。苏文等（2013）研究发现，铜绿微囊藻藻液在 680nm 处吸光度和藻细胞密度之间呈线性关系，两者相关性显著（$r=0.9982$）（图 2-8）。

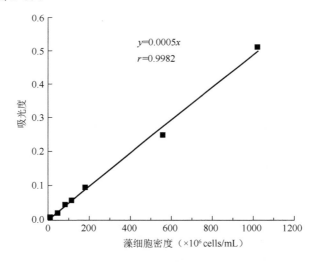

图 2-8　铜绿微囊藻藻液在 680nm 处吸光度与细胞密度间的校正曲线

（引自苏文等，2013）

铜绿微囊藻群体藻株（*M. aeruginosa* XW01）和单细胞藻株（*M. aeruginosa* PCC7806）具有相似的吸收光谱（图 2-9）。

单细胞藻株 PCC7806 和群体藻株 XW01 在 720nm 处的 OD 值与细胞密度之间均具有显著相关性，见图 2-10。吸光度换算计数法是否可直接应用于自然水体中群体微囊藻的计数还有待于进一步研究。

4. 叶绿素 a 含量换算计数法

同吸光度换算计数法的原理一样，叶绿素 a 含量换算计数法同样需要建立叶绿素 a 含量与细胞密度间的良好线性关系，然后根据得到的校正曲线或回归方程

对待测水样中的微囊藻进行计数。孙欣等（2012）将叶绿素 a 含量换算计数法与显微镜检计数法测定的铜绿微囊藻生物量结果进行比较，发现叶绿素 a 含量与细胞密度间具有极显著线性相关关系（$y=379.61x-67.256$，相关系数 $R^2=0.9980$）。吴春媛等（2016）同样发现铜绿微囊藻群体藻株（*M. aeruginosa* XW01）和单细胞藻株（*M. aeruginosa* PCC7806）的叶绿素 a 含量与微囊藻细胞密度间具有良好的线性关系，分别为 $y=0.1558x+0.0369$（$R^2=0.9969$）和 $y=0.1333x-0.0328$（$R^2=0.993$）。考虑到微囊藻叶绿素 a 含量的测定通常使用吸光度换算计数法，需要用有机溶剂萃取色素，分析操作步骤烦琐，因此一般不适用于大量样品中微囊藻的计数。

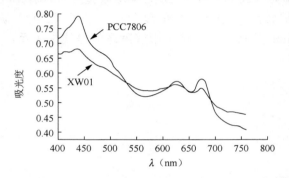

图 2-9 铜绿微囊藻单细胞藻株 PCC7806 和群体藻株 XW01 吸收光谱曲线

（引自吴春媛等，2016）

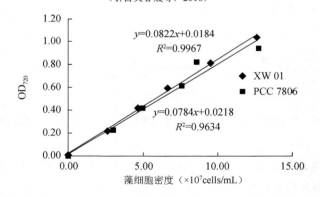

图 2-10 铜绿微囊藻单细胞藻株 PCC7806 和群体藻株 XW01 细胞密度与 OD_{720} 间的关系

（引自吴春媛等，2016）

5. β-环柠檬醛浓度换算计数法

β-环柠檬醛（2,6,6-trimethyl-1-cyclohexene-1-carboxaldehyde，R-cyclocitral）属于微囊藻的代谢物，由微囊藻细胞内的 β-胡萝卜素在胡萝卜素加氧酶的催化下，被氧气氧化发生断键反应形成。目前普遍认为 β-环柠檬醛具有专属性，只有微囊藻能产生，因此可以通过检测 β-环柠檬醛的浓度得到微囊藻的细胞数量。其作为一种快速测定水样中微囊藻细胞数目的方法，主要步骤如下。

（1）取若干个与待测水样处于同一水域的测试水样，测量测试水样中的 β-环柠檬醛浓度和微囊藻细胞数目，直线线性回归拟合得到该水域 β-环柠檬醛浓度与微囊藻细胞数目的标准曲线。

（2）取待测水样，测量待测水样中的 β-环柠檬醛浓度，根据上述的标准曲线，计算得到待测水样中的微囊藻细胞数目。

根据我国太湖流域、长江流域和实验室培养的藻种测定，微囊藻细胞能产生 100fg（$1fg=10^{-15}g$）左右的 β-环柠檬醛，β-环柠檬醛的检测限为 10ng/L，相应微囊藻细胞数目的检测限为 10^5cells/L，低于暴发水华时水体中微囊藻细胞数目的最小值 10^6cells/L。如果气相质谱无法检测到 β-环柠檬醛，则可以认为水华不是由微囊藻引起的（张可佳等，2012）。虽然利用该方法无需任何前处理，即可对水样中微囊藻进行快速计数，但是需要通过固相微萃取和气相质谱联用检测 β-环柠檬醛浓度，因此需要借助于昂贵仪器才能实现计数，限制了其广泛应用。

6. 荧光图像分析计数法

研究发现，根据不同藻类荧光的激发光波长不同，选择适于不同藻类的滤光片，可以很容易将目标藻类与其他藻类分辨开来，进而利用荧光图像对藻细胞进行计数，该计数方法对具有不同荧光激发光的藻类区分效果非常明显。激发光在 430nm 左右，微囊藻叶绿素 a 会产生 660～690nm 的发射光（荧光）。根据这一特点，王鑫和胡洋洋（2016）提出了基于藻类荧光激发效应的水华微囊藻浓度自动检测方法。首先利用 430nm 荧光作为激发光源，得到波长为 680nm 的水华微囊藻荧光显微图像，然后利用红色滤光片去除其他入射光的影响，使图像中只包含水华微囊藻荧光特性。接着对得到的荧光图像进行灰度化、二值化、滤波。最后，采用四邻域标记法对滤波后的水华微囊藻二值图像进行细胞计数。计算公式如下：

$$藻细胞浓度 = \frac{\sum_{i=1}^{100} 单幅图像细胞计数}{0.3 \times 0.4 \times 0.1 \times 100} \times 1000$$

利用荧光图像分析计数法和显微镜检计数法分别对 3 个不同浓度的藻液进行计数，结果发现二者的计数结果基本一致（表 2-7），但荧光图像分析计数法效率更高，测量结果亦较为稳定。

表 2-7　荧光图像分析计数法和显微镜检计数法对微囊藻
计数结果的比较（单位：×10^{7}个/L）（王鑫和胡洋洋，2016）

计数方法	样本藻液 1	样本藻液 2	样本藻液 3
显微镜检计数法	14	165	440
荧光图像分析计数法	13	151	423

二、直接计数法

前面介绍的显微镜检计数法、流式细胞术计数法等要实现对微囊藻群体细胞的准确计数，前期都需要经历将微囊藻群体细胞分散为单个细胞的过程。而微囊藻群体细胞直接计数法省略了群体分散过程，在微囊藻群体监测中的应用越来越广泛。

（一）荧光定量 PCR 检测基因片段计数法

荧光定量 PCR 技术是近年来发展起来的一种核酸定量技术，是指在反应体系中加入特异的荧光基团，通过荧光基团积累的信号强度来实时反映整个 PCR 进程（李珊珊等，2009），并通过事先定量制定的标准曲线对所测样品进行绝对定量分析。相比于传统的 PCR 技术专注于定性结果分析，荧光定量 PCR 技术实现了精准的定量检测分析，且该技术具有特异性高、阈值低、重复性好、定量准确等优点，已成为定量检测核酸的常用方法（Bowyer，2007）。

21 世纪初，荧光定量 PCR 技术逐渐应用到微囊藻定量检测领域中来。Rinta-Kanto 等（2005）建立了基于 16S rRNA 基因的铜绿微囊藻定量 PCR 检测技术，并利用该技术检测了水华暴发期间 Erie 湖西部多个位点的微囊藻细胞密度，结果为 $2×10^3\sim4×10^8$cells/L。与传统微囊藻群体计数方法相比，荧光定量 PCR 技术定量计数具有诸多优点，如耗时较短、计数时无需分散群体细胞、定性与定量可同时完成、结果重复性较好、定量动力学范围较宽等。

Ct 值是荧光定量 PCR 技术中最为重要的数值，其中 C 为 PCR 的 Cycle 数（循环数），而 t 为 PCR 的 Threshold（阈值），Ct 值表示 PCR 时反应体系内荧光信号强度达到所设定阈值时的 PCR 循环数。PCR 指数期的 Ct 值与目标模板起始拷贝数的对数呈现显著的线性关系，即起始模板与拷贝数越小则 Ct 值越高，反之亦然，以上即为荧光定量 PCR 精准定量的原理。在微囊藻定量研究中，可用两种标准品作为检测标准品。一种使用含有目的基因片段的重组质粒作为检测标准品，利用已知起始拷贝数的样品制作标准曲线，横坐标为已知拷贝数的对数，纵坐标为 Ct 值。一旦获得未知样品的 Ct 值，就可以利用标准曲线计算出未知样品的起始拷贝数，该方法适用于样品中基因拷贝数的检测。但从结果表示的意义来看，以拷贝数表示的结果不如细胞数直接。另一种在标准曲线制作过程中，使用微囊藻基因组 DNA 作为检测标准品，最终以细胞数代替基因的拷贝数来表示检测结果。但由于待测样品中不同藻种每个细胞所含基因的拷贝数可能会不同，检测结果得到的细胞数表示的是相当于标准品微囊藻的细胞数，是一个相对的值。

彭宇科等（2011）选取微囊藻特异性藻蓝蛋白（phycocyanin，PC）基因、微囊藻特异性 16S rRNA 基因作为定量检测的目的基因设计引物，并分别以微囊藻藻蓝蛋白基因质粒和铜绿微囊藻（*M. aeruginosa* PCC 7806）基因组 DNA 作为标准品（表 2-8）。将稀释后的标准品分别进行定量 PCR 扩增，反应完成后根据标准品的初始浓度，建立标准曲线（X 轴为藻密度或 PC 基因拷贝浓度的对数值；Y 轴为阈值循环数 Ct 值）。3 种定量方法所得的标准曲线参数如表 2-9 所示。

表 2-8　荧光定量的检测方法、目的基因及引物（彭宇科等，2011）

方法	标准品	目的基因	引物	序列 (5′→3′)	片段长度 (bp)
I	质粒 DNA	藻蓝蛋白基因	125F	GGAGTACCAGGAGCTTCCGT	110
			234R	ATTAAAGCACTGCAATCGCC	
II	*M. aeruginosa* PCC 7806 基因组 DNA	藻蓝蛋白基因	125F	GGAGTACCAGGAGCTTCCGT	110
			234R	ATTAAAGCACTGCAATCGCC	
III	*M. aeruginosa* PCC 7806 基因组 DNA	微囊藻 16S rRNA	Micr 184F	GCCGCRAGGTGAAAMCTAA	250
			Micr 431R	AATCCAAARACCTTCCTCCC	

表 2-9　3 种荧光定量所得的标准曲线参数（彭宇科等，2011）

方法	扩增效率	斜率	Y 轴截距	决定系数 R^2	产物熔解温度（℃）
I	1.07	-3.166	33.570	0.997	84.8
II	1.05	-3.206	34.863	0.990	85.0
III	0.90	-3.574	28.683	0.997	89.0

将上述 3 种方法分别用于实验室纯培养的 3 株微囊藻（*M. aeruginosa* PCC7806、*M. aeruginosa* FACHB-469、*M. aeruginosa* FACHB-905）的定量检测，其中方法 II、III测得的结果均为细胞数（表 2-10）。将 II、III两种方法的检测结果与显微镜计数结果进行比较，三者结果相一致，说明方法 II、III对微囊藻检测的准确性较好。

表 2-10　3 种荧光定量方法对纯培养微囊藻样品检测结果（彭宇科等，2011）

样品	显微镜检计数 （×10⁶cells/mL）	方法 I PC 拷贝数 （×10⁶copies/mL）	方法 II 微囊藻细胞数 （×10⁶cells/mL）	方法III 微囊藻细胞数 （×10⁶cells/mL）
1	12.1	18.9±0.16	13.8±0.09	12.0±0.04
2	12.7	17.3±0.14	13.5±0.12	13.4±0.06
3	4.03	5.57±0.16	3.51±0.15	3.76±0.48

将上述 3 种荧光定量方法分别用于自然水体（太湖）中微囊藻的定量检测，发现将检测得到的微囊藻 PC 基因拷贝数（方法 I）对显微镜检计数得到的微囊藻细胞数作图（图 2-11），相关性检验表明，两者在 0.05 水平上显著相关，其线性回归方程为：$y=-1.09+1.12x$（$R^2=0.40$，$n=15$，$P<0.05$）。表明方法 I 的测定结果（PC 基因拷贝数）能够在一定程度上反映环境中微囊藻的数量，但两者相关性不强。将检测结果微囊藻细胞密度对显微镜检计数所得的微囊藻细胞密度作图（图 2-12）。2 种荧光定量方法检测结果都与显微镜检计数结果在 0.01 水平上显著相关。方法 II 的检测结果与显微镜检计数结果的线性回归方程为：$y=-1.58+1.23x$（$R^2=0.73$，$n=15$，$P<0.01$），方法III的检测结果与显微镜检计数结果的线性回归方程为：$y=-1.09+1.09x$（$R^2=0.62$，$n=15$，$P<0.01$）。对结果应用 Wilcoxon 符号秩和检验，结果显示，方法 II 检测结果与显微镜检计数结果无显著性差异（$t=-0.909$，$P=0.363$），而方法III的检测结果与显微镜检计数结果差异显著（$t=-2.613$，$P<0.01$）。分析原因可能在于方法 II、III虽然检测结果均表示的是自然水体样品中检测到的基因相对于 *M. aeruginosa* PCC7806 的细胞数，但由于 PC 基因在微囊藻细胞中是低拷贝的，而 16S rRNA 是多拷贝基因，环境中不同种属的蓝藻或微囊藻所含的 16S rRNA 拷贝数差异可能较大，与细胞数之间的关系并不确定。因此，从对自然水体微囊藻样品的检测结果来看，方法 II 的结果与显微镜检计数结果更相符。

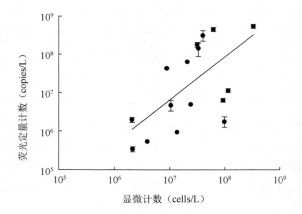

图 2-11　方法 I 检测结果与显微镜检计数结果的相关性

（引自彭宇科等，2011）

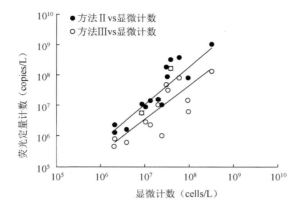

图 2-12　方法Ⅱ、Ⅲ检测结果与显微镜计数结果的相关性

（引自彭宇科等，2011）

（二）酶联夹心杂交检测基因片段计数法

核酸分子杂交技术由于其高度特异性及检测方法的灵敏性，已成为分子生物学中最常用的技术之一，是定性或定量检测靶 RNA 或 DNA 序列片段的有效方法。其中酶联夹心杂交法即通过酶学方法检测夹心杂交的信号，通过酶促反应信号的强弱获悉待测的核酸量。

藻蓝蛋白α亚基和β亚基的编码基因 *cpcB* 和 *cpcA* 之间的基因间隔区（intergenic spacer，IGS）序列具有高度的种属特异性（Maria et al.，2001；钱开诚等，2005）。李仙（2011）针对藻蓝蛋白间隔区 PC-IGS 序列设计了一组可用于检测微囊藻种属的特异性探针，建立了可以检测微囊藻的酶联夹心杂交方法。主要步骤如下。

1. PC-IGS 序列分析及构建系统发育树

对 30 株水华微囊藻和 24 株鱼腥藻的 PC-IGS 序列进行比对分析后构建 PC-IGS 分子系统发育树。发现产毒微囊藻和非产毒微囊藻在同一分支，微囊藻和鱼腥藻形成两个独立的分支（图 2-13），证实了 PC-IGS 序列在蓝藻中具有高度的种间特异性。

2. 探针设计及检测其特异性

对 273 株微囊藻 PC-IGS 序列进行比对分析，选取其高度保守序列设计、合成了一对氨基标记的捕获探针和生物素标记的信号探针（表 2-11）。将其用于微囊藻和鱼腥藻的杂交试验，杂交结果显示微囊藻的检测信号是鱼腥藻检测信号的 7 倍甚至更多（表 2-12），表明基于微囊藻 PC-IGS 序列所设计的探针对于微囊藻的检测具有较高的特异性。

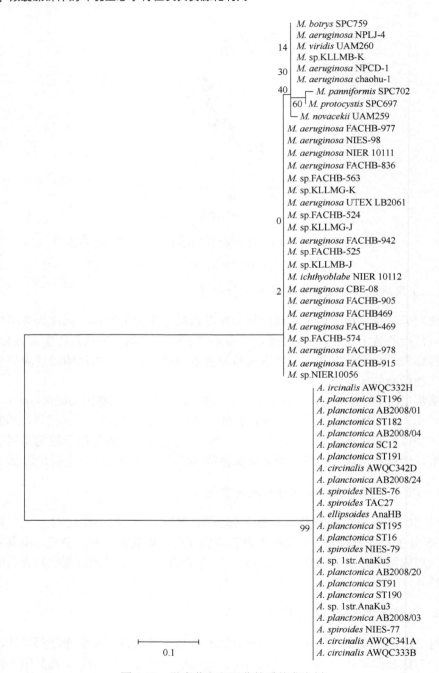

图 2-13　微囊藻和鱼腥藻的系统发育树

图上的数字是分支到原点的进化距离，数字的大小也显示了不同藻株之间的同源性，即相似性大小，
距离越近表明两条序列的同源性越高；反之，则不同源

（引自李仙，2011）

表 2-11　探针序列及其特征

探针名称	序列（5'→3'）	T_m（℃）	G+C（%）	ΔG（kcal/mol）
TF（捕获探针）	GCAATAAGTTTCCTACGG-Amino	52.0	44.4	−33.5
TR（信号探针）	Biotin-GGTATCTCCCAATAATCT	50.0	38.9	−30.7

表 2-12　夹心杂交法检测探针特异性结果

检测信号	微囊藻			鱼腥藻		
	FACHB 905	FACHB 469	FACHB 915	FACHB 942	FACHB 245	FACHB 418
OD_{405}	0.576	0.452	0.381	0.468	0.052	0.015

3. 酶联夹心杂交条件优化

根据杂交液的成分、杂交温度、杂交时间、洗液成分及洗涤次数、酶联分析参数等条件的改变对杂交效率的影响优化酶联夹心杂交条件。在反应体系中，在磁粒偶联上的捕获探针浓度与信号探针的浓度均为 91.5nmol/μL 的条件下，酶联夹心杂交方法的最优条件为：杂交液 5×SSC（柠檬酸钠缓冲液）；杂交温度 47℃；杂交后以 47℃温浴的 2.5×SSC 作洗液，封闭液封闭 2～3min，HEPES 缓冲液润洗 1 次后加碱性磷酸酶于 37℃反应；酶联反应后以 37℃温浴的磷酸盐缓冲液（PBS）洗 2 次；杂交时间 2h。

4. 绘制标准曲线

取对数生长期微囊藻藻液，显微镜检计数后定量取该藻液进行反复冻融的预处理。预处理后离心收集上清液，将收集获得的上清液进行梯度稀释，随后用酶联夹心杂交法检测，根据培养液中藻细胞密度和荧光信号值绘制出定量检测的标准曲线（图 2-14），其特征见表 2-13。

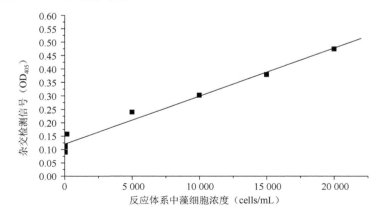

图 2-14　酶联夹心杂交检测标准曲线

（引自李仙，2011）

表 2-13 　酶联夹心杂交检测标准曲线特征（李仙，2011）

相关系数（R^2）	N	标准偏差（SD）	显著性（P）	公式	检测范围
0.988 3	8	0.023 37	<0.000 1	$y=0.000\ 02x+0.122\ 5$	1～20 000cells/mL

　　将建立的标准曲线用于实验室培养并经预处理后的微囊藻培养液进行定量杂交检测，根据杂交信号，由标准曲线算得的藻细胞密度和显微镜检计数的密度基本一致，而且杂交方法的相对标准偏差低于显微镜检计数法（表 2-14）。将此标准曲线用于武汉的官桥湖，华中科技大学校内的镜湖、源湖和喻家湖实际水样中水华微囊藻的定量检测，并将检测结果与显微镜检计数法的结果进行对比，二者结果基本一致。但显微镜检计数的相对标准偏差高达 20.0%，而酶联夹心杂交法最高相对标准偏差为 14.1%，可以检测到 1cells/mL 的微囊藻，是一种更快速、有效的微囊藻群体细胞计数方法。

表 2-14 　标准曲线用于实验室微囊藻培养液的计数（李仙，2011）

项目	FACHB-905	FACHB-915	FACHB-942	FACHB-469
显微镜检计数（cells/mL）	80 000	100 000	100 000	145 000
计数相对标准偏差（RSD）（%）	9.88	10.07	17.65	8.10
杂交信号 OD_{405}	0.137 3	0.141 9	0.155 4	0.151 5
标曲得出藻细胞浓度（cells/mL）	74 000	97 000	164 500	145 000
杂交相对标准偏差（RSD）（%）	5.73	12.03	13.87	6.10

（三）基于微囊藻群体体积/最大投影面积的估算计数法

　　Joung 等（2006）将自然水体中铜绿微囊藻群体按照大小不同规格分离后，共获得 47 种不同大小尺寸的球形群体。鉴于所有群体均为球形，可在显微镜下测定直径并计算出面积及体积。采用煮沸处理法将铜绿微囊藻群体分离为单个细胞并计数，并与群体的直径、表面积和体积进行相关分析。群体内细胞数量与群体的直径、表面积和体积均显著相关（$P<0.0001$）（图 2-15～图 2-17）。其中，群体内细胞数量与群体体积相关性最强（$R^2=0.727$）。因此，可用下列公式估算球形群体内的细胞数量：

$$y=0.001\ 95x+1\ 731$$

　　运用微囊藻群体体积估算群体内细胞数量，只需在显微镜下测定水样中球形微囊藻群体的直径，因此省去了群体分散为单细胞和显微镜检计数的步骤。但是，自然水体中微囊藻群体形态多种多样，该方法只适用于球形群体内细胞数量的估算。但即使同为球形群体，不同种类或不同阶段的微囊藻细胞大小亦存在差异，因此该公式并不适用于所有球形微囊藻群体内细胞的计数。

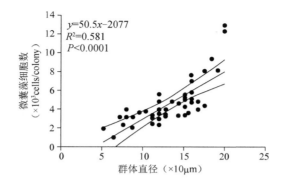

图 2-15　铜绿微囊藻群体内细胞数量与群体直径间的关系

（引自 Joung et al., 2006）

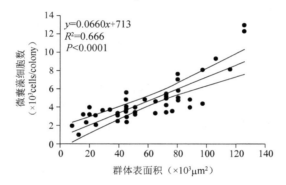

图 2-16　铜绿微囊藻群体内细胞数量与群体表面积间的关系

（引自 Joung et al., 2006）

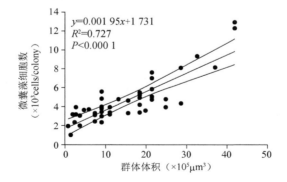

图 2-17　铜绿微囊藻群体内细胞数量与群体体积间的关系

（引自 Joung et al., 2006）

微囊藻水华发生期间，多数以不同种类微囊藻并存于富营养化水体中，且这些微囊藻细胞集结形成的群体形态存在非常明显的差异。根据不同微囊藻群体的大体形态，舒婷婷和陈非洲（2011）通过建立不同种微囊藻（铜绿微囊藻、放射微囊藻、惠氏微囊藻、坚实微囊藻、绿色微囊藻、挪氏微囊藻、水华微囊藻、鱼害微囊藻）群体的最大投影面积和长度与所含细胞数的回归方程，估算了巢湖水体中不同形态群体内微囊藻的细胞数。具体方法如下：首先在显微镜下测量单个群体（对于包含若干亚单位的种类，如绿色微囊藻则挑取小群体不重叠的样品）的最大投影面积、最大长度和单个细胞的直径，然后用4%盐酸处理微囊藻群体后压片。显微镜检计数后分析群体所含细胞数分别与其最大投影面积和最大长度之间的线性回归关系，得到线性回归方程后进行假设检验。在对微囊藻群体计数分析时将微囊藻分为三种类型，第一种为包含亚群体单位的放射微囊藻、惠氏微囊藻、绿色微囊藻和挪氏微囊藻，第二种为不包含亚群体单位的坚实微囊藻、铜绿微囊藻、水华微囊藻和鱼害微囊藻，而第三种不分形态类别，即所有需要计数分析的微囊藻。定性定量分析后发现巢湖水体中包含以惠氏微囊藻、水华微囊藻、坚实微囊藻和铜绿微囊藻等为优势种类的8种微囊藻，且这些微囊藻群体的最大投影面积与其所含细胞数目呈现出极显著的线性回归关系（$P<0.0001$，R^2为0.76～0.95）（表2-15）。但以群体直径和细胞数目的回归方程来估算不规则群体形态的微囊藻细胞数目时计数结果误差较大，但对于群体形态较规则的坚实微囊藻、水华微囊藻和鱼害微囊藻进行群体细胞数目估算时计数结果较为理想，整体上其群体直径和细胞数目表现出显著相关性。由此可见，对于形状不规则的微囊藻种类而言，通过群体最大投影面积建立相关的回归方程的方法计数结果则更可靠。

表 2-15　群体微囊藻最大投影面积（x，μm^2）与细胞数量（y）的线性回归（舒婷婷和陈非洲，2011）

微囊藻株系	细胞直径（μm）	方程式	R^2	P	n
放射微囊藻 *M. botrys*	2.9±0.4	$y=0.37x$[a]	0.85	<0.0001	29
惠氏微囊藻 *M. wesenbergii*	3.5±0.4	$y=0.22x$	0.95	<0.0001	26
绿色微囊藻 *M. viridis*	2.9±0.4	$y=0.31x$	0.91	<0.0001	28
挪氏微囊藻 *M. novacekii*	2.9±0.5	$y=0.26x$	0.85	<0.0001	27
坚实微囊藻 *M. firma*	2.1±0.2	$y=0.78x$	0.94	<0.0001	24
铜绿微囊藻 *M. aeruginosa*	3.3±0.6	$y=0.20x$	0.91	<0.0001	29
水华微囊藻 *M. flos-aquae*	2.8±0.4	$y=0.14x+768.5$	0.84	<0.0001	26
鱼害微囊藻 *M. ichthyoblabe*	2.0±0.3	$y=0.48x$	0.88	<0.0001	28
微囊藻[1] *Microcystis*[1]	3.1±0.5	$y=0.29x$	0.83	<0.0001	110
微囊藻[2] *Microcystis*[2]	2.5±0.7	$y=0.51x$	0.82	<0.0001	106
微囊藻[3] *Microcystis*[3]	2.8±0.7	$y=0.55x-3538.3$	0.76	<0.0001	216

注：a. 方程中没有截距项表明截距项的假设检验 $P>0.05$，与 0 没有明显差异；1. 包含放射微囊藻、惠氏微囊藻、绿色微囊藻和挪氏微囊藻；2. 包含坚实微囊藻、铜绿微囊藻、水华微囊藻和鱼害微囊藻；3. 包含 1 和 2 中的所有微囊藻

第二节　微囊藻群体中产毒微囊藻与非产毒微囊藻细胞数目的监测

在微囊藻水华暴发过程中，产毒微囊藻与非产毒微囊藻同时存在于同一水体中（Vezie et al.，1998；Neumann，2000；Joung et al.，2011）。微囊藻水华的最大危害是微囊藻毒素（MC）。MC 由产毒藻株产生，是一类环状七肽的原发性肝癌毒素，化学结构非常稳定（Dawson，1998），且容易在生物体内积累富集（Jayatissa et al.，2006）。通过抑制蛋白磷酸酶 1 和蛋白磷酸酶 2A 的活性，MC 会对水生动物生长、发育及繁殖产生强烈的毒害作用，并可随食物链在养殖动物体内积累，进而威胁人类身体健康，另外，人还可能通过饮水、透析等方式长期摄入从而增加肝癌的发生概率（Jochimsen et al.，1998；Chorus et al.，2000；Ibelings and Chorus，2007）。自然水体中产毒微囊藻的数量直接决定了微囊藻水华的毒性，是评价微囊藻水华生态风险的重要指标之一，因而对自然水体中产毒微囊藻与非产毒微囊藻细胞定量监测显得尤为重要。产毒微囊藻与非产毒微囊藻在细胞形态上并无可鉴别的特征。因此，研究人员试图依赖相对稳定的分子信息来开展产毒微囊藻数目的监测，而不是依据传统形态学特征开展产毒微囊藻数目的测定。

微囊藻毒素主要由微囊藻毒素合成酶复合体合成，其在基因组中以基因簇形式存在，称为微囊藻毒素合成酶基因簇（microcystin gene cluster）（Dittmann et al.，1997；Tillett et al.，2000）。经过大量的研究，目前已经得出了微囊藻毒素合成酶基因簇的全部结构，该基因簇全长 55kb，其中编码的 10 个蛋白参与了微囊藻毒素合成反应，这 10 个蛋白按照 A～J 的顺序命名为 McyA～McyJ（图 2-18）。该基因簇包含两个方向相反的相邻操纵子，分别是 *mcyA*、*mcyB*、*mcyC* 形成的操纵子（*mcyA-C*），以及 *mcyD*～*mcyJ* 形成的操纵子（*mcyD-J*）。*mcyA-C* 主要编码 3 种非核糖体肽合成酶（NRPS）。其中 *mcyA* 全长 8361bp，由 2 个激活区组成，分别为 *N*-甲基化域构成的激活区和差向异构域构成的激活区；*mcyB* 全长 6378bp，位于 *mcyA* 下游 12bp 处，也是由 2 个模块构成；*mcyC* 与 *mcyB* 有一个碱基的重叠，*mcyB* 终止密码子 TGA 与 *mcyC* 的起始密码子 ATG 共用一个 A，该阅读框含 3870bp 碱基。*mcyD-J* 编码基因产物催化 Adda 的形成及其与 Glu 的连接。*mcyD* 则编码多聚乙酰合成酶（PKS），该基因全长 11 721bp；*mcyG* 和 *mcyE* 编码由 I 型多聚乙酰合成酶的功能结构域与非核糖体肽合成酶的功能结构域杂合形成的多聚乙酰/非核糖体肽多功能酶，*mcyE* 全长 10 464bp，*mcyG* 全长 7896bp；*mcyJ* 编码 *O*-甲基化酶，*mcyF* 编码消旋酶，*mcyI* 编码脱氢酶，*mcyH* 编码一个 ATP 依赖的跨膜转运蛋白，虽然 *mcyH* 并不参与微囊藻毒素的合成，但可能与微囊藻毒素的转运和定位相关（Shi et al.，1995）。

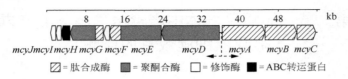

图 2-18　微囊藻毒素合成酶基因簇模式图

（引自 Tillett et al.，2000）

产毒微囊藻细胞基因组中含有微囊藻毒素合成酶基因簇，对毒素的产生进行调控，而非产毒微囊藻中则不含有 *mcy* 基因家族（李大命等，2012）。因此，分子检测方法可成为区别产毒微囊藻和非产毒微囊藻并对其进行定量的一种可靠方法。

一、荧光定量 PCR 检测技术

自 Meissner 等于 1996 年首次采用聚合酶链反应（polymerase chain reaction，PCR）技术特异性地扩增产毒微囊藻基因片段来鉴别产毒和非产毒微囊藻后（Meissner et al.，1996），荧光定量 PCR 技术逐步成功地应用于产毒微囊藻的定性定量监测工作中，并获得了非常好的研究结果。基于微囊藻毒素合成酶基因簇 *mcyA* 中 N-甲基转移酶结构域，Tillett 等（2001）将 35 株微囊藻中的 18 株产毒微囊藻精确地鉴定了出来，经蛋白磷酸酶抑制试验验证，其结果准确无误。基于微囊藻毒素合成酶基因 *mcyB* 基因片段绝对荧光定量分析，Pan 等（2002）建立了灵敏度高、特异性强的产毒藻株定性定量监测方法，监测阈值可达 2000cells/L。基于藻蓝蛋白间隔区片段（PC-IGS）和微囊藻毒素合成酶基因 *mcyB* 作为目标基因，Kurmayer 等（2003）采用 TaqMan 探针法分析了德国 Wannsee 湖中总微囊藻种群及产毒微囊藻的丰度，结果表明，产毒微囊藻占总微囊藻种群丰度的比例为 1%～38%；基于藻蓝蛋白间隔区片段（PC-IGS）和微囊藻毒素合成酶基因 *mcyA* 作为目标基因，Yoshida 等（2007）系统分析了 Mikata 湖中产毒微囊藻和非产毒微囊藻种群丰度的变化特征，结果表明，Mikata 湖中产毒微囊藻占总微囊藻种群丰度的比例为 0.5%～35%。

目前，国内不少学者已成功建立了产毒微囊藻的荧光定量 PCR 检测方法。宋艳等（2016）建立了应用 SYBR Green I 对微囊藻毒素合成酶基因 *mcyA* 进行实时荧光定量 PCR 检测的方法，检出限为 10^7copies/L，该方法和传统的显微镜计数法对实验室纯培养产毒铜绿微囊藻的检测结果呈正相关关系（R^2=0.9880，$P<0.05$）。徐恒省等（2013）以其 *mcyA* 序列为目标片段设计引物，以重组质粒 pMD-18T-*mcyA* 为标准品，所得标准曲线具有高度线性相关性，重复性好。利用该方法建立的标

准曲线对实验室培养获得的铜绿微囊藻 DNA 样品进行定量检测，与显微镜检计数结果基本一致。何恩奇等（2011）针对微囊藻毒素合成酶基因 *mcyA* 探索了一种适用于自然水样中微囊藻毒素产毒潜能检测的 TaqMan 荧光定量 PCR 方法。张容（2014）以微囊藻毒素合成酶基因 *mcyA*、*mcyB*、*mcyD* 和 *mcyH* 部分核苷酸保守序列为靶基因设计合成了特异性引物，以 SYBR Green I 为荧光染料，构建了 SYBR Green I 荧光染料实时定量 PCR 检测体系。刘洋等（2016）建立了以 *mcyE/ndaF* 基因为靶基因的产毒微囊藻实时荧光定量 PCR 检测方法，其标准曲线方程为：$y=-3.454x+49.88$，斜率为-3.454，$R^2=0.991$，扩增效率 $E=94.6\%$，定量检测区间为 $1.689\times10^4 \sim 1.689\times10^8 \text{copies}/\mu\text{L}$。

　　国内还有不少研究者已成功将荧光定量 PCR 技术用于自然水体非产毒与产毒微囊藻数量的检测。张哲海和厉以强（2013）应用荧光定量 PCR 技术对玄武湖蓝藻水华进行了长期监测，结果表明，荧光定量 PCR 技术及时准确地反映了玄武湖蓝藻水华优势种群微囊藻及其中有毒微囊藻的动态变化，其中有毒微囊藻数量为 $0 \sim 3.48\times10^7 \text{cells/L}$，全湖均值为 $1.31\times10^6 \text{cells/L}$。李大命等（2011a）运用荧光定量 PCR 技术研究了 2009 年 8 月中旬太湖微囊藻水华期间不同湖区水体和底泥中产毒微囊藻与总微囊藻的种群丰度，发现水体和底泥中微囊藻种群丰度及其组成存在空间差异，富营养化水平高的湖区产毒微囊藻和总微囊藻种群丰度均高于富营养化水平低的湖区，产毒微囊藻占总微囊藻种群的比例也较高。在同一采样点，底泥中产毒微囊藻占总微囊藻种群的比例低于水体中的。2010 年 4～9 月，李大命等采用荧光定量 PCR 技术分析了太湖水华期间 3 个湖区（梅梁湾、贡湖湾和湖心）水体中产毒和非产毒微囊藻基因型丰度及有毒微囊藻比例的季节变化，并对环境因子进行统计分析。研究结果表明，有毒微囊藻基因型丰度及所占比例存在季节和空间差异，而温度和磷浓度是决定太湖有毒微囊藻种群丰度及其比例的关键因子（李大命等，2012）。2010 年 7 月巢湖暴发大规模的蓝藻水华，荧光定量 PCR 的监测结果显示，巢湖产毒微囊藻种群丰度为 $4.12\times10^7 \sim 5.44\times10^9 \text{copies/L}$，其占总微囊藻种群的比例为 8.4%～96.6%（李大命等，2011b）。刘洋等（2016）采用荧光定量 PCR 技术对南太湖入湖口 7 个监测点的产毒微囊藻进行了检测，其中夹浦和合溪 2 个监测点的产毒微囊藻种群丰度最高，分别为 $(1.99\pm0.35)\times10^8 \text{cells/L}$ 和 $(1.47\pm0.23)\times10^8 \text{cells/L}$。天津市水域生态研究组则基于 *mcyA* 和 PC-IGS 序列采用荧光定量 PCR 技术系统监测了 2015 年海河蓝藻暴发期产毒微囊藻的种群丰度，结果表明，蓝藻暴发期海河干流产毒微囊藻种群丰度比例主要以金刚桥及光华桥位点的比例相对较高（8 月 20 日除外），总体上本研究调查期间海河微囊藻中产毒微囊藻所占比例为 0.82%～23.98%，见表 2-16。

表 2-16   海河干流产毒微囊藻种群丰度所占比例动态变化（%）

湖区	7 月 26 日	8 月 20 日	9 月 12 日	10 月 4 日
ED	3.25	1.27	4.21	0.82
XJ	3.98	8.00	3.21	2.08
WH	9.01	8.77	8.32	2.60
GH	23.90	2.90	13.39	6.77
JG	23.98	2.85	11.71	11.23

注：ED，二道闸；XJ，西减河闸；WH，外环桥；GH，光华桥；JG，金刚桥

二、荧光原位杂交技术结合流式细胞仪定量检测技术

甘南琴等（2010）针对目标基因 *mcyA* 成功设计了用地高辛标记的双链 DNA 探针。特异性探针引物由 Rantala 等（2004）设计：*mcyA*-Cd1F（5′-AAAATTAAAA GCCGTATCAAA-3′）、*mcyA*-Cd1R（5′-AAAAGTGTTTTATTAGCGGCTCAT-3′）；非特异性探针引物设计如下：Forward：5′-TCCAGCAACACCAATAGGA-3′；Reverse：5′-AGGTCGTTGTGGTTATCCT-3′。将特异性探针及非特异性探针分别用于鉴别实验室培养的产毒及非产毒微囊藻藻株的原位杂交实验，发现以特异性探针标记的产毒微囊藻 FACHB905 和 PCC7806 显示明亮的绿色荧光，以非特异性探针标记的非产毒微囊藻 FACHB929 显示红色自发荧光（图 2-19），说明建立的原位杂交方法可有效地应用于产毒和非产毒微囊藻藻株的鉴别。

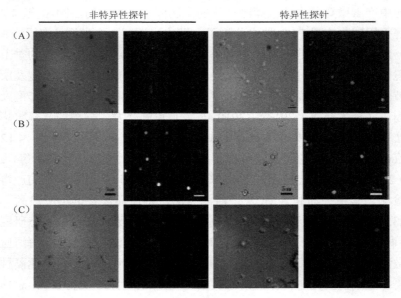

图 2-19   培养样品杂交后荧光图像（彩图详见封底二维码）
（A）铜绿微囊藻 FACHB905；（B）铜绿微囊藻 PCC7806；（C）惠氏微囊藻 FACHB 929。标尺为 5μm
（引自甘南琴等，2010）

将该荧光原位杂交技术进一步应用于野外样品中产毒及非产毒微囊藻藻株的鉴别。选用的群体微囊藻源于滇池、太湖和关桥池塘，样品采集时间大多集中于微囊藻为优势种的季节，微囊藻的优势种主要包括惠氏微囊藻、绿色微囊藻和铜绿微囊藻。杂交前采用超声方法将群体细胞解聚为单细胞。图 2-20 显示了荧光原位杂交标记滇池、太湖及关桥池塘样品的结果，对照及非特异性探针结果显示无交叉反应，而特异性探针标记观察到象征性信号。

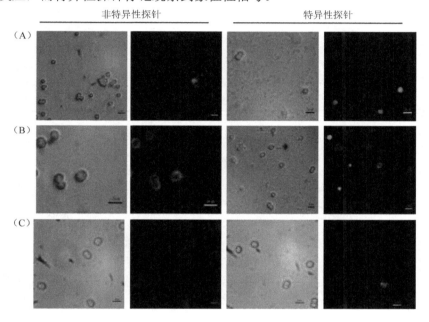

图 2-20　野外样品杂交后荧光图像（彩图详见封底二维码）

（A）滇池；（B）太湖；（C）关桥池塘。标尺为 5μm

（引自甘南琴等，2010）

接下来用流式细胞术检测荧光原位杂交标记好的室内培养样品，测试荧光原位杂交技术与流式细胞术相结合定量检测产毒及非产毒微囊藻的可行性。将产毒株与非产毒株按 1∶1 混合（即 *M. aeruginosa* PCC7806∶*M. aeruginosa* FACHB 469=1∶1，*M.aeruginosa* FACHB 905∶*M. wesenbergii* FACHB929=1∶1），然后将荧光原位杂交技术与流式细胞术相结合检测产毒比例，产毒比例分别为 46.42% 和 45.69%，接近 50%。

随后进行野外样品中产毒微囊藻的检测，来自滇池、太湖、关桥池塘的样品以特异性探针进行杂交，阳性信号（绿色荧光）显示了高于阴性对照 6～56 倍的信号强度（图 2-21），这种特异、非特异荧光比例达到 6～56 倍的差异足以区分阳性及阴性信号，也就是说这种信号的差别足以区分产毒及非产毒微囊藻藻株。

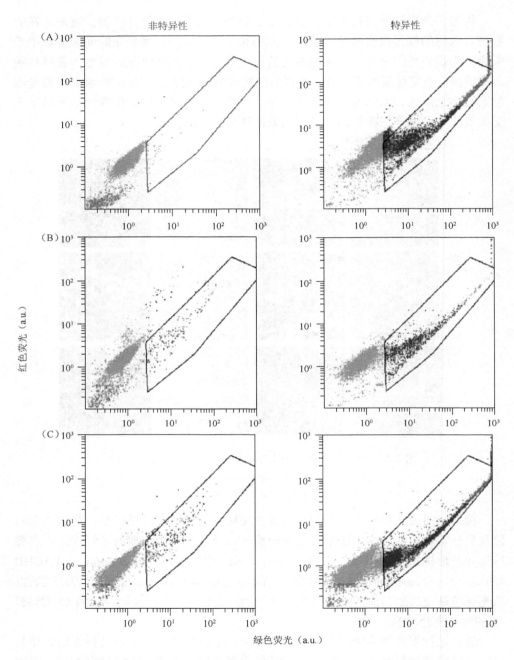

图 2-21　野外样品杂交后经流式细胞仪检测效果（彩图详见封底二维码）

（A）滇池；（B）太湖；（C）关桥池塘

（引自甘南琴等，2010）

表 2-17清楚地显示了荧光原位杂交技术和流式细胞术结合检测实验室培养及野外样品中产毒及非产毒微囊藻的细胞密度，与根据不同形态特性及 PCR 技术检测的结果吻合。以上研究结果证实，荧光原位与流式细胞术相结合的方法是进行产毒微囊藻与非产毒微囊藻定量检测的有效方法，可对产毒微囊藻水华的暴发起到早期预警的作用。

表 2-17　荧光原位杂交技术和流式细胞术结合检测实验室培养及野外样品中产毒及非产毒微囊藻细胞密度（甘南琴等，2010）

样品	流式细胞术数据（cells/mL）			非产毒比例（%）	产毒比例（%）
	发绿色荧光细胞数 [a]	发红色荧光细胞数 [a]	总细胞数		
M. a. PCC7806	41 376	598	42 074	1.42	98.34
M. a. FACHB905	39 633	479	40 212	1.19	98.56
M. a. FACHB469	510	20 775	24 285	85.54	2.10
M. a. FACHB929	736	20 634	24 370	84.66	3.02
M. a. PCC7806 与 *M. a.* FACHB469 [b]	9 433	10 087	20 320	49.64	46.42
M. a. FACHB905 与 *M. w.* FACHB929 [c]	11 271	12 397	24 668	50.25	45.69
Dianchi525	11 608	55 594	68 202	81.51	17.02
Dianchi611	7 911	13 254	22 165	59.79	35.69
Dianchi709	3 165	16 521	20 686	79.86	15.30
Dianchi806	3 078	16 401	20 479	80.08	15.03
Dianchi819	9 150	12 015	22 165	54.20	41.28
Taihu708	12 905	48 437	62 342	77.69	20.70
Taihu728	20 830	45 690	67 520	67.66	30.85
Taihu806	2 577	18 114	21 691	83.50	11.88
Taihu819	13 098	49 330	63 428	77.77	20.65
Guanqiao713	11 785	55 415	68 200	81.25	17.28
Guanqiao822	17 729	42 300	61 029	69.31	29.05

注：a. 鉴别后发光荧光数量；b. 50%*M.a.*PCC7806 和 50%*M.a.*FACHB469；c. 50%*M.a.*FACHB905 和 50%*M.w.*FACHB929

三、酶联夹心杂交定量检测技术

杜诗（2012）基于产毒微囊藻的 *mcyJ* 序列成功地设计、合成了对于产毒微囊藻的检测具有较高特异性的捕获探针和信号探针，并通过优化杂交液、杂交温度和时间等多项参数，建立了可以检测微囊藻的酶联夹心杂交方法。通过对实验室培养的多株藻种的检测，验证了该法的可靠性和准确性，进而建立了酶联夹心杂交方法标准曲线（图 2-22），主要特征见表 2-18。

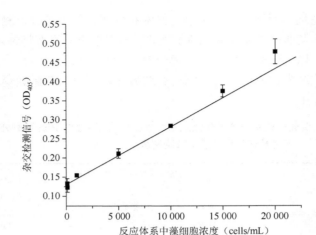

图 2-22　酶联夹心杂交检测标准曲线

（引自杜诗，2012）

表 2-18　标准曲线特征（杜诗，2012）

相关系数（R^2）	N	标准偏差（SD）	显著性（P）	公式
0.997	7	0.989 29	＜0.000 1	$y=0.000\ 15x+0.133\ 19$

　　通过以上建立的标准曲线再次对实验室培养的产毒微囊藻 FACHB-905、FACHB-915、FACHB-942、FACHB-979 进行定量检测，发现根据杂交信号由标准曲线算得的藻细胞浓度和显微镜检计数的浓度有所差别（表 2-19），其中不乏有人为操作的原因所带入的误差，但是两者检测的结果很相近，其标准偏差均在 10% 以内。因此，酶联夹心杂交法能快速准确地检测水中的产毒微囊藻。

表 2-19　实验室产毒微囊藻的定量比较（杜诗，2012）

项目	FACHB-905	FACHB-915	FACHB-942	FACHB-979
显微镜检计数（cells/mL）	7000	7000	7000	7000
杂交信号（OD_{405}）	0.2792	0.2588	0.2752	0.2560
标曲得出藻细胞浓度（cells/mL）	7640	6622	7440	6480
相对标准偏差（%）	9.14	5.40	6.29	7.43

参 考 文 献

毕相东, 张树林, 郭永军, 等. 2013. 一种微囊藻群体细胞的计数方法: 中国, ZL201310425334. 9.

陈慧婷, 陶益, 朱佳. 2013. 藻细胞计数及死/活分析的流式细胞仪方法. 深圳职业技术学院学报, 1: 23-27.

杜诗. 2012. 基于 *mcyJ* 基因检测产毒微囊藻方法的研究. 武汉: 华中科技大学硕士学位论文.

范宇. 2014. 上海地区湖泊水体中常见藻的快速检测技术及应用研究. 上海: 东华大学硕士学位论文.

甘南琴, 黄群, 郑凌凌, 等. 2010. 荧光原位杂交技术和流式细胞仪用于环境样品中产毒及非产毒微囊藻的定量监测. 中国科学: 生命科学, 40(3): 250-259.

郭沛涌, 沈焕庭, 张利华. 2002. 流式细胞术在水体微型生物研究中的应用. 生物物理学报, 18(3): 359-364.

何恩奇, 钮伟民, 吴庆刚, 等. 2011. 产毒微囊藻 *mcyA* 基因荧光定量 PCR 方法的建立. 环境科学与技术, 34(12): 66-70.

康丽娟, 孙从军. 2015a. 基于流式细胞法的铜绿微囊藻快速定量方法. 环境监测管理与技术, 27(4): 54-57.

康丽娟, 孙从军. 2015b. 基于流式细胞术的铜绿微囊藻自动识别参数筛选方法研究. 环境科学与管理, 40(3): 39-44.

李大命, 孔繁翔, 于洋, 等. 2011a. 太湖蓝藻水华期间水体和底泥中产毒微囊藻与非产毒微囊藻种群丰度研究. 环境科学学报, 31(2): 292-298.

李大命, 孔繁翔, 张民, 等. 2011b. 太湖和巢湖夏季蓝藻水华期间产毒微囊藻和非产毒微囊藻种群丰度的空间分布. 应用与环境生物学报, 17(4): 480-485.

李大命, 叶琳琳, 于洋, 等. 2012. 太湖水华期间有毒和无毒微囊藻种群丰度的动态变化. 生态学报, 32(22): 7109-7116.

李珊珊, 王加启, 李旦, 等. 2009. Real-time PCR 技术的应用研究进展. 生物技术通报, (8): 60-62.

李仙. 2011. 基于 PC-IGS 序列检测微囊藻的方法研究. 武汉: 华中科技大学硕士学位论文.

刘洋, 胡佩茹, 马思三, 等. 2016. 实时荧光定量 PCR 方法检测南太湖入湖口产毒微囊藻. 湖泊科学, 28(2): 246-252.

彭宇科, 岳冬梅, 武俊, 等. 2011. 应用 RT-qPCR 技术定量检测湖泊水体中蓝藻方法的比较. 微生物学通报, 38(4): 460-467.

钱开诚, 陈迪, 林少君, 等. 2005. 两株淡水微囊藻的藻蓝蛋白基因间隔序列(PC-IGS)分析. 生态科学, 24(2): 150-153.

舒婷婷, 陈非洲. 2011. 微囊藻群体细胞数量估算的一种简单方法. 生态科学, 30(5): 553-555.

宋艳, 孙韶华, 李力, 等. 2016. 水中有毒蓝藻的荧光定量 PCR 检测法. 环境与健康杂志, 33(2): 157-158.

苏文, 孔繁翔, 赵旭辉. 2013. 一种铜绿微囊藻的快速计数方法: 中国, CN201310186980. 4.

孙欣, 王华然, 杨忠委, 等. 2012. 三种藻类生物量测定方法比较. 解放军预防医学杂志, 30(5): 350-351.

王鑫, 胡洋洋. 2016. 基于荧光图像的水华微囊藻浓度检测. 传感器与微系统, 35(12): 146-148.

吴春媛, 郭康宁, 李建宏, 等. 2016. 几种微囊藻定量方法的比较. 环境科学与技术, 39(S1): 183-187.

徐恒省, 李继影, 刘孟宇, 等. 2013. 实时荧光定量聚合酶链反应快速检测产毒铜绿微囊藻. 中国环境监测, 29(4): 89-93.

张可佳, 李聪, 张图乔, 等. 2012. 一种快速测定水样中微囊藻细胞数目的方法: 中国, CN201210173713. 9.

张容. 2014. 基于荧光定量技术的微囊藻毒素预测性监测方法研究. 上海: 东华大学硕士学位论文.

张哲海, 厉以强. 2013. 应用荧光定量 PCR 技术监测玄武湖蓝藻水华. 环境监控与预警, 5(4): 9-12.

赵洋甬, 马静军, 肖国起. 2010. 微囊藻细胞计数法研究. 福建分析测试, 19(3): 76-78.

郑春艳, 张庭廷. 2008. 鞣花酸对铜绿微囊藻和斜生栅藻的生长抑制作用. 安徽师范大学学报(自然科学版), 31(5): 469-472.

周绪申, 孟宪智, 王迎, 等. 2016. 两种计数板在藻类定量中的比较研究. 水利技术监督, (4): 59-61.

Bowyer V L. 2007. Real-time PCR. Forensic Science, Medicine, and Pathology, 3(1): 61-63.

Chorus I, Falconer L R, Salas H J, et al. 2000. Health risks caused by freshwater cyanobacteria in recreational waters. Toxicology and Environmental Health Sciences, 3: 323-347.

Dawson R M. 1998. Toxicology of microcystins. Toxicon, 36(7): 953-962.

Dittmann E, Neilan B A, Erhard M, et al. 1997. Insertional mutagenesis of a peptide synthetase gene that is responsible for hepatotoxin production in the cyanobacterium *Microcystis aeruginosa* PCC 7806. Molecular Microbiology, 26(4): 779-787.

Dubelaar G B J, Groenewegen A C, Stokdijk W, et al. 1989. Optical plankton analyser a flow cytometer for plankton analysis, II Specifications. Cytometry, 10(5): 522-528.

Ibelings B W, Chorus I. 2007. Accumulation of cyanobacterial toxins in freshwater "seafood" and its consequences for public health: a review. Environment Pollution, 150: 177-192.

Jayatissa L P, Silva E I L, McElhiney J, et al. 2006. Occurrence of toxigenic cyanobacterial blooms in freshwaters of Sri Lanka. Systematic and Applied Microbiology, 29: 156-164.

Jochimsen E M, Carmichael W W, Jisi A, et al. 1998. Liver failure and death after exposure to microcystins at a hemodialysis center in Brazil. The New England Journal of Medicine, 338(12): 873-878.

Joung S H, Kim C J, Ahn C Y, et al. 2011. Simple method for a cell count of the colonial cyanobacterium, *Microcystis* sp. The Journal of Microbiology, 44(5):562-565.

Kurmayer R, Christiansen G, Chorus I. 2003. The abundance of microcystin producing genotypes correlates positively with colony size in *Microcystis* sp. and determines its microcystin net production in Lake Wannsee. Applied and Environmental Microbiology, 69(2): 787-795.

Kurmayer R, Kutzenberger T. 2003. Application of real-time PCR for quantification of microcystin genotypes in a population of the toxic cyanobacterium *Microcystis* sp. Journal of Applied Microbiology, 69(11): 6723-6730.

Maria D C B, Mariana C D O, Christopher J S B. 2001. Genetic variability of Brazilian strains of the *Microcystis aeruginosa* complex (Cyanobacteria/Cyanophyceae) using the phycocyanin intergenic spacer and flanking regions(*cpc*BA). Journal of Phycology, 37(5): 810-818.

Meissner K, Dittmann E, Börner T. 1996. Toxic and non-toxic strains of the canobacterium *Microcystis aeruginosa* contain sequences homologous to peptide synthetase genes. FEMS Microbiol Lett, 135: 295-303.

Neumann U. 2000. Co-occurrence of non-toxic (cyanopeptolin) and toxic (microcystin) peptides in a bloom of *Microcystis* sp. from a Chilean lake. Systematic and Applied Microbiology, 23(2): 191-197.

Nishizawa T, Ueda A, Asayama M, et al. 2000. Polyketide synthase gene coupled to the peptide synthetase module involved in the biosynthesis of the cyclic heptapeptide microcystin. The Journal of Biochemistry, 127(5): 779-789.

Pan H, Song L R, Liu Y D, et al. 2002. Detection of hepatotoxic *Microcystis* strains by PCR with intacat cells from both culture and environmental samples. Archives of Microbiology, 178: 421-427.

Peeters J C H, Dubelaar G B J, Ringelberg J, et al. 1989. Optical plankton analyser a flow cytometer for plankton analysis. I Design considerations. Cytometry, 10(5): 522-528.

Rantala A, Fewer D P, Hisbergues M, et al. 2004. Phylogenetic evidence for the early evolution of microcystin synthesis. Proceedings of the National Academy of Sciences, 101: 568-573.

Rinta-Kanto J M, Ouellette A J A, Boyer G L, et al. 2005. Quantification of toxic *Microcystis* spp. during the 2003 and 2004 blooms in western Lake Erie using quantitative real-time PCR. Environmental Science & Technology, 39(11): 4198-4205.

Shi L, Carmichael W W, Miller I. 1995. Immuno-gold localization of hepatotoxins in cyanobacterial cells. Archives of Microbiology, 163: 7-15.

Tillett D, Dittmann E, Erhard M, et al. 2000. Structural organization of microcystin biosynthesis in *Microcystis aeruginosa* PCC7806: an integrated peptide-polyketide synthetase system. Chemistry and Biology, 7(10): 753-764.

Tillett D, Parker D, Neilan B. 2001. Detection of toxigenicity by a probe for the microcystin synthetase a gene (*mcyA*) of the cyanobacterial genus *Microcystis*: comparison of toxicities with 16S rRNA and phycocyanin operon (phycocyanin intergenic spacer) phylogenies. Applied and Environmental Microbiology, 67(6): 2810-2818.

Vezie C, Brient L, Sivonen K, et al. 1988. Variation of microcystin content of cyanobacterial blooms and isolated strains in Lake Grand-Lieu (France). Microbial Ecology, 36(2): 126-135.

Wang X Y, Sun M J, Xie M J, et al. 2013. Differences in microcystin production and genotype composition among *Microcystis* colonies of different sizes in Lake Taihu. Water Research, 47(15): 5659-5669.

Yoshida M, Yoshida T, Takashima Y, et al. 2007. Dynamics of microcystin-producing and non-microcystin producing *Microcystis* populations is correlated with nitrate concentration in a Japanese lake. FEMS Microbiology Letters, 266(1): 49-53.

第三章　微囊藻群体的种群竞争优势

微囊藻群体一般由少则几十上百个，多则成千上万个细胞组成。群体的形成、增大和形态的持久维持是微囊藻获得种群优势进而形成水华并维持优势的前提之一。相对于单细胞微囊藻，群体形态的微囊藻在营养物质利用、抗逆、抵御浮游动物和滤食性鱼类牧食及消化等方面具有很多竞争优势。

第一节　微囊藻群体对营养物质的竞争利用优势

一、微囊藻群体对磷的竞争利用优势

磷是藻类生长的必需营养元素，也是最为重要的营养元素之一。Shen 和 Song（2007）比较研究了不同表型的微囊藻细胞对不同浓度磷培养条件的生理生化响应，研究中所采用的 4 株单细胞微囊藻藻株和 4 株群体微囊藻藻株的来源及形态特征见表 3-1。

表 3-1　4 株单细胞微囊藻藻株和 4 株群体微囊藻藻株来源及形态特征（Shen and Song，2007）

编号	来源	采集地点	尺寸（μm）	形状
7806	PCC	布拉克曼水库，荷兰	2～3	单细胞
7802	PCC	Balgavies 湖，苏格兰	2～3	单细胞
942	FACHB	滇池，中国	2～3	单细胞
905	FACHB	滇池，中国	2～3	单细胞
975	FACHB	五大连池，中国	37.5～50	小群体
909	FACHB	保安湖，中国	>205	大群体
938	FACHB	团山水厂，中国	>650	大群体
939	FACHB	团山水厂，中国	>650	大群体

注：PCC，巴斯德菌种保藏中心（Pasteur Culture Collection）；FACHB，中国科学院淡水藻种库（Freshwater Algae Culture Collection at the Institute of Hydrobiology）

研究结果表明，长时间的低磷或无磷等磷限制培养条件下，群体形态的微囊藻细胞抗逆性明显强于单细胞形态的微囊藻。在 0.2mg/L 磷浓度培养条件下，单细胞微囊藻和小尺寸群体微囊藻的生长受到显著抑制，但大尺寸群体微囊藻的生长未受到抑制（图 3-1）。群体微囊藻细胞的最大光能转化效率（Fv/Fm）（图 3-1）、

光合放氧活性（图 3-2）、最大电子传递速率（ETR_{max}）（图 3-3）均高于单细胞微囊藻。

单细胞和群体两种表型的微囊藻在磷吸收和积蓄方面也存在差异，单细胞微囊藻的最大吸收速率 K_m 值和半饱和常数 V_{max} 值高于群体微囊藻（表 3-2），其保持生长比群体微囊藻需更多的磷；群体微囊藻在低磷限制条件下对磷的亲和力更高。群体形态的微囊藻在较大的环境波动下仍能较强地竞争磷等营养元素以保障其群体的竞争优势，原因可能在于相对于单细胞微囊藻，群体微囊藻细胞外胶被等在磷的吸收和富集上起着较大的作用。

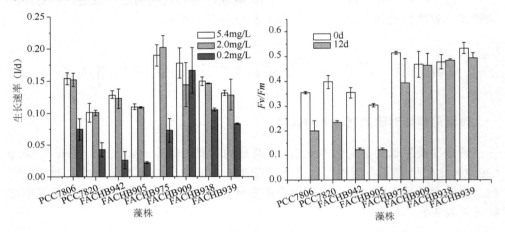

图 3-1　不同磷浓度下单细胞和群体微囊藻的特定生长率和 *Fv/Fm*

（引自 Shen and Song，2007）

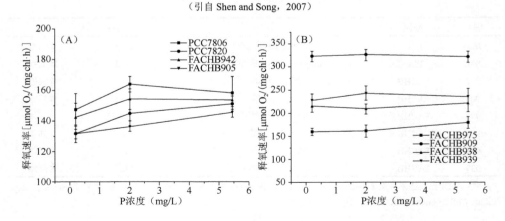

图 3-2　不同磷浓度下单细胞和群体微囊藻的光合放氧活性

（A）单细胞微囊藻；（B）群体微囊藻

（引自 Shen and Song，2007）

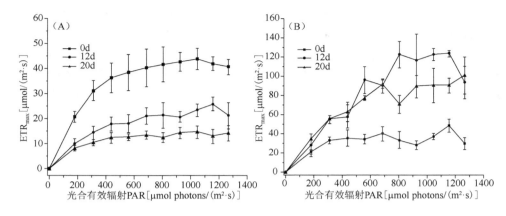

图 3-3　0.2mg/L 磷浓度下单细胞和群体微囊藻的 ETR$_{max}$

（A）单细胞微囊藻；（B）群体微囊藻

（引自 Shen and Song，2007）

表 3-2　单细胞微囊藻和群体微囊藻磷无机磷吸收的 K_m 值和半饱和常数 V_{max} 值比较（25℃）（Shen and Song，2007）

类型	藻株	K_m（μMP）	V_{max}（μMP mg dry/wt/h）
单细胞	PCC 7806	17.045 ± 1.572	0.479 ± 0.031
单细胞	PCC 7820	19.475 ± 2.503	0.571 ± 0.082
单细胞	FACHB 942	16.617 ± 1.596	0.488 ± 0.044
单细胞	FACHB 905	14.921 ± 1.749	0.407 ± 0.028
小群体	FACHB 975	14.720 ± 2.138	0.386 ± 0.043
大群体	FACHB 909	9.523 ± 0.486	0.273 ± 0.015
大群体	FACHB 908	11.836 ± 2.477	0.275 ± 0.022
大群体	FACHB 939	12.138 ± 1.379	0.288 ± 0.024

二、微囊藻群体对无机碳的竞争利用优势

蓝藻能高效吸收、浓缩低浓度的 CO_2（Espie et al.，1988；Woodger et al.，2003；Mackenzie et al.，2004），形成群体后漂浮到水面可以利用大气中的 CO_2。Wu 和 Song（2008）对 25℃培养条件下单细胞微囊藻和群体微囊藻在外源无机碳（DIC）吸收方面的差异进行了比较。研究发现，两种微囊藻均能较好地利用外源无机碳 HCO_3^-。5 株群体微囊藻（FACHB907：62.5～100μm；FACHB938：>650μm；FACHB909：>250μm；FACHB910：25～50μm；FACHB975：37.5～50μm）的无机碳吸收半饱和参数 $K_{0.5}$（DIC）为 1.1～8.4μmol/L，4 株单细胞微囊藻（NSW924、FACHB905、FACHB905942HE、PCC7806）的 $K_{0.5}$（DIC）为 10.8～33.6μmol/L。群体微囊藻的 $K_{0.5}$（DIC）显著低于单细胞微囊藻的 $K_{0.5}$（DIC）（图 3-4），这表明群体微囊藻

对环境无机碳的亲和力高于单细胞微囊藻。Wu 等（2011a）在后续研究中发现，在 25℃和 35℃温度条件下，群体微囊藻相对单细胞微囊藻有显著性的无机碳吸收优势，并且群体微囊藻的碳酸酐酶基因（$icfA1$、$icfA2$、$ecaA$ 和 $ecaB$）的表达显著高于单细胞微囊藻。群体微囊藻对 DIC 的高效吸收说明了其对自然水体环境的适应能力相对较强，特别是在无机碳含量相对低的水体中其具有更大的生长优势。

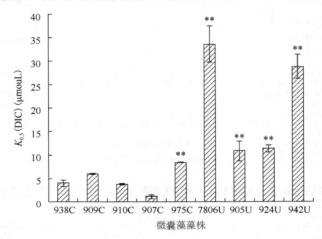

图 3-4　单细胞微囊藻和群体微囊藻无机碳半饱和参数 $K_{0.5}$（DIC）

U. 单细胞微囊藻；C. 群体微囊藻

（引自 Wu and Song，2008）

三、微囊藻群体对铁的竞争利用优势

铁是浮游植物必需的微量营养元素，在淡水水体中，总铁含量虽然较高，但铁与水体中有机物配体的强络合作用也可能导致浮游植物铁利用的限制（Lidia and Alicja，2003；储昭升等，2007）。汪育文等（2011）分别在限铁和富铁的条件下，比较了单细胞微囊藻（$M.\ aeruginosa$ PCC7806）和群体微囊藻（$M.\ aeruginosa$ XW01）的生长、光合作用效率、铁载体分泌及其细胞对铁元素的积累。在限铁条件下，单细胞微囊藻生长受到抑制，在第 6 天藻体黄化死亡，但群体株在限铁条件下能维持一定的生长（图 3-5）。

铁是电子传递过程中重要的氧化还原催化剂，铁浓度的高低必然影响藻细胞光化学能的转化，从而影响其光合作用活性。如表 3-3 所示，与富铁条件下的藻细胞相比，限铁条件下藻细胞光合放氧速率和 Fv/Fm 降低，由此可见铁对铜绿微囊藻的光合作用有显著影响。无论在限铁还是富铁条件下，群体微囊藻光合放氧速率和 Fv/Fm 均高于单细胞微囊藻，说明与单细胞微囊藻相比，群体微囊藻具有更强的光合作用活性。

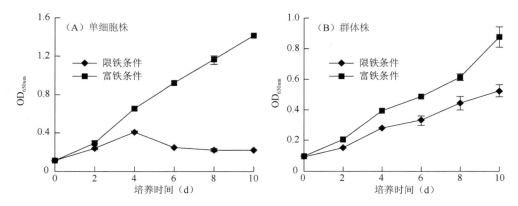

图 3-5　微囊藻在限铁和富铁培养条件下的生长状态

（引自汪育文等，2011）

表 3-3　单细胞微囊藻和群体微囊藻在限铁和富铁培养条件下的
光合作用参数（汪育文等，2011）

藻株	光合放氧速率 [μmol/(mg·min)]		PS II 最大光能转化效率（Fv/Fm）	
	限铁条件	富铁条件	限铁条件	富铁条件
单细胞株	1.639±0.107	2.901±0.080	0.160 ± 0.017	0.460 ± 0.015
群体株	1.837±0.116	3.121±0.091	0.182 ± 0.014	0.474 ± 0.020

　　微囊藻细胞的铁载体类型为氧肟酸盐型，研究表明，在限铁条件下，群体株比单细胞株产生更多的铁载体（图 3-6）。通过测定藻体铁的含量，发现限铁条件下藻体积累的铁含量不足富铁条件下的 1/3，但不同铁浓度培养的 2 株藻之间铁含量差异不大。生理生化占比分析发现，群体株比单细胞株有更强的适应低铁环境的能力，但其机制并非由于二者对铁吸收和积累的差异，可能是因为低铁状态下单细胞形态微囊藻更容易受到不利环境的胁迫。

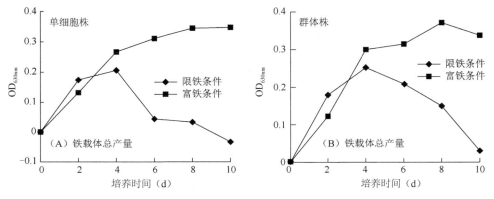

图 3-6　单细胞微囊藻和群体微囊藻限铁和富铁培养条件下铁载体含量的变化规律

（引自汪育文等，2011）

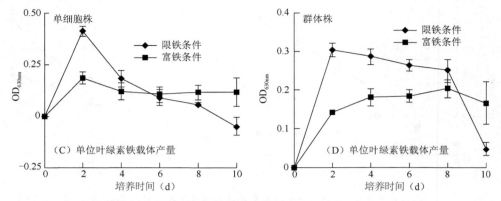

图 3-6　单细胞微囊藻和群体微囊藻限铁和富铁培养条件下铁载体含量的变化规律（续）
（引自汪育文等，2011）

第二节　微囊藻群体具有较高的胁迫耐受性

一、耐受强光照胁迫

Zhang 等（2011）采用自太湖分离的群体微囊藻和单细胞微囊藻，在实验室条件下比较分析了两种表型微囊藻光化学响应的差别，发现在强光条件下，群体微囊藻最大电子传递速率显著高于单细胞微囊藻，表明群体微囊藻具有更强的光合作用能力；通过光响应曲线参数分析发现，群体微囊藻半饱和光强显著高于单细胞微囊藻，表明单细胞微囊藻在较低光强下就能达到光饱和，而群体则需要更高的光强才能达到光饱和，这可能与群体微囊藻具有更高的色素含量有关，这也间接表明群体微囊藻能耐受更高的光强，见表 3-4。

表 3-4　不同光强下单细胞微囊藻和群体微囊藻光化学响应曲线参数的
比较［单位：$\mu mol/(m^2 \cdot s)$］（Zhang et al.，2011）

藻株形态	光强	ETR_{max}	Ik
单细胞	5	30.77±3.56	150.82±3.32
	30	52.30±4.67	310.95±21.00
	100	57.15±0.49	324.55±13.44
群体	5	41.36±2.83	185.00±9.33
	30	71.35±2.05	359.10±8.34
	100	132.35±2.62	783.30±28.24

注：ETR_{max}，最大电子传递速率；Ik，光饱和度

2006 年 6 月 19～21 日，Wu 等（2011b）对太湖水华暴发期间单细胞微囊藻

和群体微囊藻的最大光能转化效率（*Fv/Fm*）和有效光合作用量子产量（Δ*F/Fm′*）进行比较发现，中午强光照条件下，19 日、20 日和 21 日群体微囊藻的 *Fv/Fm* 分别为 0.30、0.25 和 0.29，高于单细胞微囊藻的对应值 0.26、0.18 和 0.25；19 日、20 日和 21 日群体微囊藻的 Δ*F/Fm′* 分别为 0.24、0.21 和 0.22，亦高于单细胞微囊藻的对应值 0.15、0.11 和 0.14（图 3-7），该研究结果同样证实群体形成有助于微囊藻减轻强光胁迫下产生的光抑制作用，表明群体微囊藻能耐受更高的光强。

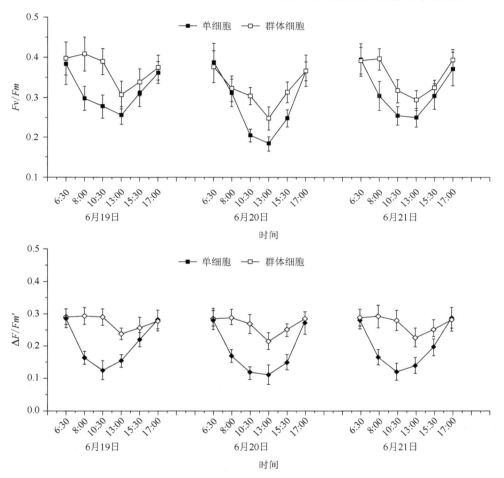

图 3-7　群体微囊藻和单细胞微囊藻的原位 *Fv/Fm* 和 Δ*F/Fm′* 值比较

（引自 Wu et al.，2011b）

　　一般浮游植物暴露到高光强会表现出光抑制，光合作用量子效率会随光照强度的增加和光照时间的延长而下降，从而导致光系统反应中心的损伤。蓝藻具有多种抵抗光抑制的机制，其中热能耗散是其释放过剩光能的有利方式，因此分析光合作用量子效率时一定要分析过剩光能的热耗散，非光化学猝灭（NPQ）值是热耗散的一个相对指标。另外，Zhang 等（2011）在野外研究中发现强光下群体微囊藻的非光化学猝灭（NPQ）值显著高于单细胞微囊藻，表明群体微囊藻可以耗散更多的过剩光能，具有更强的耐受强光胁迫的能力（图 3-8）。微囊藻群体形成后其生化组成和形态发生了明显变化，其叶绿素、藻蓝素、多糖含量等均显著增加（$P<0.05$），这可能是群体微囊藻光合作用能力及耐受强光胁迫能力增加的原因。

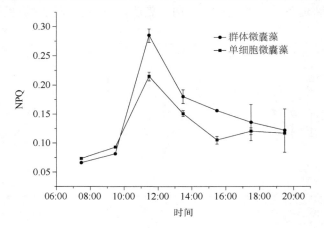

图 3-8　群体微囊藻和单细胞微囊藻的非光化学猝灭（NPQ）值比较

（引自 Zhang et al.，2011）

二、耐受强化学污染物胁迫

铜元素是藻类生长必需的微量元素之一，它参与了光合作用电子传递和酶的共价连接作用。然而，高浓度铜离子对许多藻类是有毒害的。对硫酸铜用于控制水华的浓度有不同的报道，作为杀藻剂的浓度经常为 25～1000μg/L，一般有效浓度为 0.25mg/L。吴忠兴（2006）对两种表型（群体和单细胞）微囊藻对高浓度 $CuSO_4$（0.25mg/L）的生理和生化反应进行了比较分析。通过 FCM 检测发现，高浓度 $CuSO_4$ 能够导致单细胞微囊藻细胞迅速处于不健康或死亡的状态（ANOVA，$P<0.01$），相比之下，群体微囊藻健康细胞仍占主要部分，此结果也表明了与单细胞和小群体相比，大群体微囊藻有更高的细胞存活率。在高浓度 $CuSO_4$ 胁迫 24h 后，微囊藻的光合系统 PSⅡ受到不同程度的伤害，Fv/Fm、光合放氧活性、ETR_{max} 降低，但群体微囊藻 PSⅡ受伤害程度轻于单细胞微囊藻；群体微囊藻能够产生大量超氧化物歧化酶（superoxide dismutase，SOD）、过氧化氢酶（catalase，CAT）来降低 $CuSO_4$ 对藻细胞的毒性。群体微囊藻对 $CuSO_4$ 胁迫的耐受浓度明显高于单细胞，这暗示了群体微囊藻应对重金属离子胁迫有更大的抗逆优势。

Li 等（2015）用 3 种不同化学物质处理两种表型（单细胞和群体）微囊藻，发现 $CuSO_4$ 处理对群体微囊藻的抑制率显著低于对单细胞微囊藻的抑制率

（$P<0.05$），同时还发现氯霉素和直链烷基苯磺酸盐对单细胞微囊藻的抑制率极显著高于对群体微囊藻的抑制率（$P<0.01$）（表3-5）。

表 3-5　不同化学物质对两种表型（单细胞和群体）微囊藻的
抑制率比较（%）（Li et al.，2015）

处理组	Cu^{2+}	氯霉素	直链烷基苯磺酸盐
单细胞微囊藻	28.1	63.3	74.0
群体微囊藻	20.1[*]	50.4[**]	64.3[**]

*表示单细胞微囊藻和群体微囊藻间差异显著（$P<0.05$）；**表示单细胞微囊藻和群体微囊藻间差异极显著（$P<0.01$）

与对照组相比，3 种化学物质处理组铜绿微囊藻的酯酶活性均显著下降，但群体微囊藻酯酶相对活性高于单细胞微囊藻酯酶相对活性（图 3-9），并且两种表型微囊藻的 SOD 活性和丙二醛（malondialdehyde，MDA）水平均存在显著差异。上述研究结果说明微囊藻能够通过形成群体以防御外界不良化学胁迫，因此，群体微囊藻对不良化学胁迫的耐受性强于单细胞微囊藻。

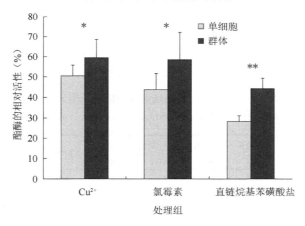

图 3-9　不同化学物质对群体微囊藻和单细胞微囊藻酯酶相对活性影响的比较

*表示单细胞微囊藻和群体微囊藻间差异显著（$P<0.05$）；**表示单细胞微囊藻和群体微囊藻间差异极显著（$P<0.01$）
（引自 Zhang et al.，2007）

第三节　微囊藻群体具有较高的抵御病害微生物侵害的能力

一、抵御细菌侵害

溶藻细菌对水华的控制、维持藻的生物量的平衡有非常重要的作用。赵以军和刘永定（1996）认为，细菌对藻细胞生长的抑制和溶解，主要通过以下几种方式：①黏细菌与藻细胞直接接触，通过分泌化感物质溶解宿主细胞壁；②水环境中的细菌可释放抑杀藻细胞的化感物质至水环境中，非选择性地杀伤藻细胞；③水环境中共栖的异养细菌与藻细胞共同竞争有限的营养物质，导致藻细胞的生长受到严重的影响；④噬菌体同时是噬藻体，从细菌转移到蓝藻细胞中使新的宿主溶解。

目前研究较多的是，细菌通过直接接触蓝藻细胞溶藻及释放高效化感物质到水环境中抑制或溶解蓝藻细胞。Wang 等（2013）发现铜绿假单胞菌（*Pseudomonas aeruginosa*）能显著抑制单细胞微囊藻的生长和最大光能转化效率（Fv/Fm），但很难对群体微囊藻的生长和 Fv/Fm 产生抑制作用（表 3-6）。微囊藻细胞外面由很多层结构所包被，其主要成分称为胞外多糖（exopoly saccharide，EPS）（de Philippis and Vincenzini，2008），通常以 2 种形式存在，其一为荚膜（capsule）或称胶鞘（sheath），其二为黏液层（slime）。荚膜为一较薄的均一层，具均匀纤丝状结构，围绕在细胞壁外。黏液层是一非均匀厚层，包围在荚膜外（de Philippis and Vincenzini，2008；苏传东，2005）。而胞外多糖中荚膜和黏液层具有黏滞性，将微囊藻单细胞黏着成群体。群体微囊藻由胞外多糖构成的荚膜或胶鞘厚于单细胞微囊藻的荚膜或胶鞘（Zhang et al.，2011），加厚的荚膜或胶鞘更易成为抵挡细菌侵害的屏障，因此群体微囊藻防止细菌侵害的能力强于单细胞微囊藻。

表 3-6　ACB3 菌株的抑藻性能及对微囊藻最大光能转化
效率的影响（作用时间为 6d）（%）（Wang et al.，2013）

微囊藻藻株	FACHB 908	FACHB 929	FACHB 924	FACHB 912	FACHB 1028	MW1	MW2	MA2	MF2
抑藻率	90.5	97.5	82.6	96.5	90.0	39.6	-42.2	5.9	-31.3
Fv/Fm	80.0	95.2	67.1	97.8	98.7	4.1	0.0	3.6	7.7

二、抵御病毒侵害

蓝藻病毒与噬菌体的形态结构、分子组成以及对宿主的感染方式极为相似，归于噬菌体一类，因而也被称作噬蓝藻体或噬藻体。Sulcius 等（2014）采集了分离自 Curonian 潟湖的铜绿微囊藻群体，并对群体内噬藻体的侵染情况进行了研究。主要研究方法如下：用脱毒潟湖水重悬分离铜绿微囊藻群体并过滤除去 99%细菌样颗粒和 92%病毒样颗粒，然后将铜绿微囊藻群体或用丝裂霉素 C 处理过的铜绿微囊藻群体转移到装有脱毒潟湖水的培养瓶中，并将培养瓶分别置于 Curonian 潟湖表层水下原位培养 24h，每 3h 采集样品分析铜绿微囊藻群体内噬藻体的侵染情况。研究结果发现，在 24h 的培养期内，无论是丝裂霉素 C 处理过的铜绿微囊藻群体还是未经丝裂霉素 C 处理过的铜绿微囊藻群体内，病毒样颗粒的数量均无显著增多（图 3-10）。虽然在群体周围黏液层内出现部分病毒样颗粒结构，但是群体细胞内却未见到病毒样颗粒存在。通过透射电镜和扫描电镜观察，均未发现噬藻体侵染的细胞，也未发现增殖的噬藻体或丝裂霉素 C 诱导的前噬藻体，该结果表示至少在该试验期间，Curonian 潟湖内铜绿微囊藻群体并未被噬藻体侵染。原因可能在于单细胞与群体结构的差别。微囊藻群体结构提供了防御病毒侵染的物理屏障，群体尺寸越大，受病毒侵染的可能性越小（Jacobsen et al.，1996；Hamm et al.，1999；Ruardij et al.，2005；Baudoux et al.，2006；Brussaard et al.，2007）。

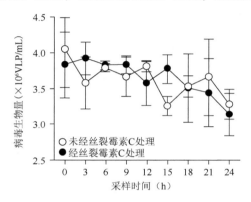

图 3-10　丝裂霉素 C 处理过或未经丝裂霉素 C 处理的铜绿微囊藻群体内病毒的数量变化

（引自 Sulcius et al.，2014）

第四节　微囊藻群体可有效抵御水生动物的牧食及消化

一、抵御浮游动物的牧食

浮游动物的牧食是浮游植物生活中的最大威胁之一。在长期的进化过程中，浮游植物形成了多种机制来抵御浮游动物的牧食。常见的防御方式有两种：自身所固有的和在外界因子刺激下诱导形成的。诱导防御是一种较为高级的形式，即当外界环境中存在捕食等威胁其生存的因素时，浮游植物会通过改变细胞结构形态或者改变生存单位的形式来抵御被捕食（Tollrian and Harvell，1990）。Hessen 和 van Donk（1993）发现当 8 细胞微囊藻群体的比例很高时，个体大小为 1.75mm 的枝角类浮游动物牧食速率降低 75%，反映出微囊藻群体形成增加了浮游动物牧食阻力。在其他研究中，小型枝角类摄食多细胞微囊藻群体的速率相对于单细胞微囊藻而言受到抑制，牧食的成功率降低（Grover，1989；Lurling and van Donk，1996；van Donk et al.，1999）。微囊藻群体形成使得很多牧食者摄食困难（Porter，1977），因此，群体形态能有效地减缓因牧食而导致的微囊藻种群数量下降。

　　研究表明，一般情况下浮游动物摄食的个体大小为5～50μm（刘光涛，2012）。微囊藻的大小为3～8μm，因此单细胞的微囊藻很容易被牧食。但是，当微囊藻细胞形成10个以上的群体后，其生存单位的体积大大增加，这在很大程度上限制了浮游动物的牧食，为微囊藻提供了更多的生存机会。在自然水体中，微囊藻群体通常由几百个、几千个甚至上万个细胞组成。目前，有关于浮游动物牧食诱发微囊藻群体形成的研究报道较多。

　　最初的研究报道是Burkert等（2001）在研究混合营养的棕鞭毛虫（*Ochromonas* sp.）对铜绿微囊藻（*M. aeruginosa*）群体形成的影响时，由于偶然事故，分隔的透析膜突然破裂，隔膜另一边的棕鞭毛虫突然进入铜绿微囊藻培养空间，随后观察到由几十个乃至几百个藻细胞聚合形成的微囊藻群体结构。另外，研究发现，铜绿微囊藻在棕鞭毛虫的牧食压力下，胞外多糖分泌显著增多，胞外多糖在微囊藻抵抗鞭毛虫的牧食中起着极其重要的作用；而Yang等（2006a，2006b）研究发现，后生浮游动物的牧食不能诱发单细胞微囊藻形成群体，但棕鞭毛虫的牧食能很好地诱导单细胞微囊藻重新形成由数十个到数百个细胞组成的防御性群体（图3-11）。Yang等（2012）研究发现，铜绿微囊藻（*M. aeruginosa* PCC 7806）群体的直径与数量在持续的棕鞭毛虫牧食压力下缓慢增加，50d时群体最大直径为180μm，同时发现微囊藻群体主要是通过细胞分裂过程中子细胞不断聚集在母细胞周围形成的。杨桂军等（2009）研究表明，角突网纹溞牧食对水华微囊藻（*M. flos-aquae* FACHB 1028）群体形成的促进作用较强，但对惠氏微囊藻（*M. wesenbergii* FACHB 929）、铜绿微囊藻（*M. aeruginosa* FACHB 469和*M. aeruginosa* FACHB 905）的群体形成促进作用不明显。总体来看，包括棕鞭毛虫在内的部分浮游动物对单细胞铜绿微囊藻的牧食能诱发它们聚合形成较大的群体，铜绿微囊藻通过形成群体形态来阻止浮游动物的牧食，从而提高了存活率，维持了种群竞争优势。

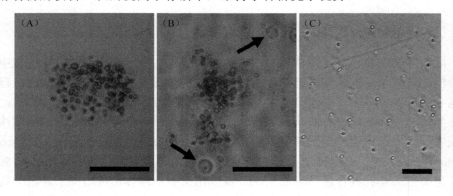

图3-11　鞭毛虫牧食诱导形成的群体［（A）和（B）］和对照组以及
后生浮游动物处理组的单细胞（C）

B中的箭头指示鞭毛虫。标尺为40μm

（引自Yang et al.，2006b）

二、抵御滤食性鱼类的消化

王玺等（2015）用小环藻（*Cyclotella* sp.）、小球藻（*Chlorella* sp.）、微囊藻（*Microcystis* sp.）3 种纯培养藻种投喂滤食鱼类鲢（*Hypophthalmichthys molitrix*），研究鲢对藻类的摄食作用。发现 3 种纯培养藻种投喂下鲢存活率从高到低依次是小环藻组＞小球藻组＞微囊藻组；相应地，鲢对藻的平均摄食率排序也是小环藻组＞小球藻组＞微囊藻组。在显微镜下观察鲢的粪便发现，大部分小环藻为空壳；一部分小球藻外部形态结构不完整，外部形态完整的小球藻则色泽暗淡、内部结构紊乱；微囊藻形态结构没有明显的变化；3 种藻类细胞的受损率分别为 20.04%、7.13% 和 1.97%（表 3-7）。由此看来，与其他纯培养的藻类相比，滤食性鱼类更不易消化纯培养单细胞微囊藻。叶绿素荧光活性结果显示，鱼的粪便中小环藻基本失去光合活性，小球藻活性极显著降低（$P<0.01$），微囊藻活性明显降低（$P<0.05$）。将收集的鱼粪称重后加入 BG11 和 D1 培养液光照培养 2 周后发现，各藻细胞的光合活性均有不同程度的恢复，其中微囊藻细胞的光合活性较投喂前的对照组有明显提高，可见微囊藻具有较强的摄食抗性，因此若想利用滤食性鱼类开展蓝藻水华的防控具有相当的难度。

表 3-7　纯培养藻种饲喂鲢的排泄物藻类分析（王玺等，2015）

藻种	鱼粪中藻细胞密度（×10³cells/mL）	藻细胞受损率	摄食率 [cells/(g·h)]
小环藻 *Cyclotella* sp.	266±20	0.2004	$2.70×10^4$
小球藻 *Chlorella* sp.	209±26	0.0713	$1.99×10^4$
微囊藻 *Microcystis* sp.	168±12	0.0197	$1.06×10^4$

王玺等（2015）又采用东湖原水开展了鲢的养殖试验，并对鲢摄食和排泄物进行了研究。结果显示，鲢摄食自然水体中的群体微囊藻后，粪便中未见破损微囊藻细胞（表 3-8），而纯培养的单细胞微囊藻却有 1.97% 的受损率。采用东湖原水饲养鱼的鱼粪进行再培养，结果显示，微囊藻在重新培养后恢复了生长。滤食性鱼类很难消化胶被厚实的微囊藻群体，在鱼粪中会保留大量完整有活性的藻细胞，使其竞争优势进一步扩大（Xie and Liu，2001）。

表 3-8　东湖原水实验组鱼粪中的藻类组成（王玺等，2015）

藻种类别	完整形态	破损形态	空壳形态
浮鞘丝藻属 *Planktolyngya*	++	++	
平裂藻属 *Merismopedia*	+++		
鱼腥藻属 *Anabesns*		++	
假鱼腥藻属 *Pseudoanabaena*	+	++	

续表

藻种类别	完整形态	破损形态	空壳形态
颤藻属 *Oscillatoria*	+	++	
微囊藻属 *Microcystis*	++		
蓝纤维藻属 *Dactyiococcopsis*	++		
栅藻属 *Scenedesmus*	++		+
卵囊藻属 *Oocystis*	+		
实球藻属 *Pandorina*	+		
空星藻属 *Coelastrum*	+	+	
盘星藻属 *Pediastrum*	+	++	+
衣藻属 *Chlamydomonas*	+		
针杆藻属 *Synedra*	+	+	++
桥弯藻属 *Cymbella*			++
舟形藻属 *Navicula*	+	+	++
小环藻属 *Cyclotella*	+	+	++

注：+++为数量相对最多的藻类；++为较多的藻类；+为出现的藻类

第五节　微囊藻群体可调节自身浮力以获得足够的光照

微囊藻细胞可通过调控伪空胞改变自身浮力，在水体中完成垂直迁移，以获取适宜的光能和充足的营养盐，保障其在与其他藻类竞争时获得明显的种群竞争优势（Oliver and Ganf，2000；Bonnet and Poulin，2002）。蓝藻上浮是水华暴发的关键阶段，蓝藻只有上浮才会获得足够、适宜的光照条件，进而在短时间内快速增殖，形成若干肉眼可见的藻华（孔繁翔和高光，2005）。已有的研究表明，微囊藻可通过合成伪空胞、裂解伪空胞及合成或消耗胞内镇重物来调节其浮力，进而实现藻细胞在水柱中的垂直移动（Walsby，1988；Cheng and Qiu，2006；Justin and Geogre，2011）。因伪空胞破裂而导致浮力丧失迅速，而且浮力恢复所需的伪空胞合成过程较慢（＞24h）（Hayes and Walsby，1984），细胞增殖对伪空胞的稀释作用也需要以细胞的世代时间来度量，因此微囊藻水华过程中不可能仅有伪空胞一种浮力提供因子。微囊藻群体在形成过程中合成大量的胞外多糖，胶被和黏液层的多糖均具有较强的黏滞性，可以将单细胞微囊藻黏着集结成肉眼可见的群体形态，在集结过程中由于水动力条件等在微囊藻群体内部形成若干空隙（Zhang et al.，2007）（图 3-12）。细胞间空隙不仅可以保护细胞，还可以为微囊藻群体提供其在水体中上浮的浮力。

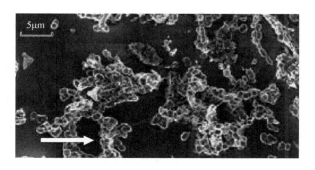

图 3-12　微囊藻群体中的细胞间空隙（箭头所示）

（引自 Zhang et al., 2007）

张永生等（2011）利用室内水华形成模拟实验和野外原位分析相结合的方法，系统地从生理生态学角度分析了细胞间空隙对微囊藻上浮直至水华形成的影响。室内微囊藻水华形成模拟实验表明，微囊藻在上浮过程中以单细胞形态存在，但在水柱培养器取样口 6 开始形成小群体；对细胞镇重物（胞外多糖、细胞干重和蛋白质等）含量的分析表明，胞外多糖在微囊藻上浮过程中，变化率最大，含量在水柱培养器取样口 6 处达到最大值，在 3 次实验过程中，胞外多糖的含量分别为：3.02pg/cell、10.38pg/cell 和 15.73pg/cell。野外微囊藻群体显示群体内部具有大量的细胞间空隙；将野外微囊藻群体分别经 1.0MPa 压力和超声波破碎仪 40Hz 处理 1min，结果发现微囊藻在 1.0MPa 压力下，群体内部不存在细胞间空隙，并且伪空胞破裂，微囊藻不能上浮，但在超声波处理下，微囊藻群体被打散成单细胞悬浮在水体中，但伪空胞完好无损，表明伪空胞是微囊藻上升阶段的浮力提供者，此浮力仅仅能使藻细胞悬浮于水体中，不能使其形成水华。随着微囊藻细胞的上浮，细胞镇重物增加，但增加的量不足以抵消伪空胞提供的浮力，当细胞镇重物产生的重力与伪空胞提供的浮力达到平衡时，藻细胞停留在水体中某一位置。此处靠近液面，光照条件改善，更加有利于微囊藻光合作用，产生更多的胞外多糖，使微囊藻细胞具有更强的黏滞性，更有利于微囊藻形成群体，微囊藻群体形成是细胞间空隙形成的前提，因此可形成更多的微囊藻群体细胞间空隙。大量的细胞间空隙不仅抵消了细胞镇重物产生的重力，而且为微囊藻群体提供了强大的浮力，微囊藻群体漂浮在水面，有更多的机会利用光能，形成水华。罗永刚等（2013）针对群体形态对微囊藻昼夜间上浮下沉规律的影响问题，利用柱状培养装置对室内培养的单细胞、群体细胞以及在太湖采集的微囊藻群体细胞进行了昼夜间分层观测分析，发现相比于细胞比重变化对微囊藻细胞上浮的影响，微囊藻群体的大小对于其在水柱中的垂直上浮速度具有更大的影响力。Zhu 等（2014）亦发现，微囊藻的群体形态结构可以很好地为微囊藻细胞提供浮力。以上研究结果说明微囊藻群体结构可以通过提供浮力调节微囊藻细胞的运动，可能使其能够更好地利用光能，进而加快其生长，尽快占据种群竞争优势。

参 考 文 献

储昭升, 金相灿, 阎峰, 等. 2007. EDTA 和铁对铜绿微囊藻和四尾栅藻生长和竞争的影响. 环境科学, 28(11): 2457-2461.

孔繁翔, 高光. 2005. 大型浅水富营养化湖泊中蓝藻水华形成机理的思考. 生态学报, 25(3): 589-595.

刘光涛. 2012. 铜绿微囊藻群体诱导研究. 南京: 南京大学硕士学位论文.

罗永刚, 朱伟, 李明, 等. 2013. 群体大小对微囊藻细胞昼夜垂向迁移的影响. 湖泊科学, 25(3): 386-391.

苏传东. 2005. 蓝杆藻 113 菌株(*Cyanothece* sp.113)胞外多糖的研究. 青岛: 中国海洋大学博士学位论文.

汪育文, 李建宏, 付鹿, 等. 2011. 不同铁浓度对单细胞和群体铜绿微囊藻生长的影响. 环境科学, 30(1): 254-259.

王玺, 王斌梁, 夏春香, 等. 2015. 鲢对藻类摄食效应的室内模拟研究. 水生生物学报, 35(9): 940-947.

吴忠兴. 2006. 我国微囊藻多样性分析及其种群优势的生理学机制研究. 武汉: 中国科学院水生生物研究所博士学位论文.

杨桂军, 秦柏强, 高光, 等. 2009. 角突网纹溞在太湖微囊藻群体形成中的作用. 湖泊科学, 21(4): 495-501.

张永生, 李海英, 孔繁翔, 等. 2011. 群体细胞间空隙在微囊藻水华形成过程中的浮力调节作用. 环境科学, 32(6): 1602-1607.

赵以军, 刘永定. 1996. 有害藻类及其微生物防治的基础——藻菌关系的研究动态. 水生生物学报, 20(2): 173-181.

Baudoux A C, Noordeloos A A M, Veldhuis M J W, et al. 2006. Virally induced mortality of *Phaeocystis globosa* during two spring blooms in temperate coastal waters. Aquat Microb Ecol, 44(3): 207-217.

Bonnet M P, Poulin M. 2002. Numerical modeling of the planktonic succession in a nutrient-rich reservoir: environmental and physiological factors leading to *Microcystis aeruginosa* dominance. Ecological Model, 156: 93-112.

Brussaard C P D, Bratbak G, Baudoux A C, et al. 2007. Phaeocystis and its interaction with viruses. Biogeochemistry, 83(1-3): 201-215.

Burkert U, Hyenstrand P, Drakare S, et al. 2001. Effects of the mixotrophic flagellate *Ochromonas* sp. on colony formation in *Microcystis aeruginosa*. Aquatic Ecology, 35: 9-17.

Cheng H M, Qiu B S. 2006. Cyanobacterial gas vesicles and their regulation on the vertical distribution of cyanobacteria in water body. Plant Physiology Communications, 42(5): 974-980.

de Philippis R, Vincenzini M. 1998. Exocellular polysaccharides from cyanobacteria and their possible applications. FEMS Microbiology Reviews, 22: 151-175.

Espie G S, Miller A G, Birch D G. 1988. Simulataneous transport of CO_2 and HCO_3^- by the cyanobacteria *Synechococcus* UTEX. Plant Physiology, 87: 551-554.

Grover J P. 1989. Efects of Si:P supply ratio, supply variability, and selective grazing in the plankton: an experiment with natural algal and protist an assemblage. Limnology and Oceanography, 34: 349-367.

Hamm C E, Simson D A, Merkel R, et al. 1999. Colonies of *Phaeocystis globosa* are protected by a thin but tough skin. Marine Ecology Progress, 187(3): 101-111.

Hayes P K, Walsby A E. 1984. An investigation into the recycling of gas vesicle protein derived from collapsed gas vesicles. Journal of General Microbiology, 130: 1591-1596.

Hessen D O, van Donk E. 1993. Morphological-changes in *Scenedesmus* induced by substances released from *Daphnia*. Archiv Fur Hydrobiologie, 127(2): 129-140.

Jacobsen A, Bratbak G, Heldal M. 1996. Isolation and characterization of a virus infecting *Phaeocystis pouchetii* (Prymnesiophyceae). Journal of Phycology, 32(6): 923-927.

Justin D B, Geogre G G. 2001. Variations in the buoyancy response of *Microcystis aeruginosa* to nitrogen, phosphorus and light. Journal of Plankton Research, 23(12): 1399-1411.

Li M, Nkrumahb P, Peng Q. 2015. Different tolerances to chemical contaminants between unicellular and colonial morph of *Microcystis aeruginosa*: excluding the differences among different strains. Journal of Hazardous Materials, 285: 245-249.

Lidia P, Alicja K. 2003. Is iron a limiting factor of *Nodularia spumigena* blooms? Oceanologia, 45(4): 679-692.

Lurling M, van Donk E. 1996. Zooplankton induced unicell colony transformation in *Scenedesm usacutus* and its effect on growth of herbivore Daphnia. Oecologia, 108: 432-437.

MacKenzie T D B, Burns R A, Campbell D A. 2004. Carbon status constrains light acclimation in the cyanobacterium *Synechococcus elongatus*. Plant Physiology, 136: 3301-3312.

Oliver R L, Ganf G G. 2000. Freshwater blooms. *In*: Whitton B A, Potts M. The Ecology of Cyanobacteria. Netherlands: Kluwer Academic Publishers: 149-194.

Porter K G. 1977. The plant-animal interface in fresh water ecosystems. American Scientist, 65: 159-170.

Ruardij P, Veldhuis M J, Brussaard C P. 2005. Modeling the bloom dynamics of the polymorphic phytoplankter *Phaeocystis globosa*: impact of grazers and viruses. Harmful Algae, 4(5): 941-963.

Shen H, Song L R. 2007. Comparative studies on physiological responses to phosphorus in two phenotypes of bloom-forming *Microcystis*. Hydrobiologia, 592: 475-486.

Sulcius S, Staniulis J, Paskauskas R, et al. 2014. Absence of evidence for viral infection in colony-embedded cyanobacterialisolates from the Curonian Lagoon. Oceanologia, 56: 651-660.

Tollrian R, Harvell C D. 1990. The ecology and evolution of inducible defenses. Quarterly Review of Biology, 65(3): 323-340.

van Donk E, Lurling M, Lampert W. 1999. Consumer-induced changes in phytoplankton: inducibility, costs, benefits and the impact on grazers. *In*: Harvell D, Tollrian R. Consequences of Inducible Defenses for Population Biology. Princeton: Princeton University Press.

Walsby A E. 1988. Homeostasis in buoyancy regulation by planktonic cyanobacteria. FEMS Symposium, 44: 99-116.

Wang X, Xie M, Wu W, et al. 2013. Differential sensitivity of colonialand unicellular *Microcystis* strains to an algicidal bacterium *Pseudomonas aeruginosa*. J Plankton Res, 35: 1172-1176.

Woodger F J, Badger M R, Price G D. 2003. Inorganic carbon limitation induces transcripts encoding components of the CO_2-concentrating mechanism in *Synechococcus* sp. PCC7942 through a redox-independent pathway. Plant Physiology, 133: 2069-2080.

Wu X D, Kong F X, Zhang M. 2011a. Photoinhibition of colonial and unicellular *Microcystis* cells in a summer bloom in Lake Taihu. Limnology, 12(1): 55-61.

Wu X, Wu H, Song Z X. 2011b. Phenotype and temperature affect the affinity for dissolved inorganic carbon in a cyanobacterium *Microcystis*. Hydrobiologia, 675: 175.

Wu Z, Song L R. 2008. Physiological comparison between colonial and unicellular forms of *Microcystis aeruginosa* Kütz. (Cyanobacteria). Phycologia, 47: 98-104.

Xie P, Liu J. 2001. Practical success of biomanipulation using filter-feeding fish to control cyanobacteria blooms: a synthesis of decades of research and application in a subtropical hypereutrophic lake. The Scientific World, 1: 337-356.

Yang Z, Kong F X. 2012. Formation of large colonies: a defense mechanism of *Microcystis aeruginosa* under continuous grazing pressure by flagellate *Ochromonas* sp. Journal of Limnology, 71(1): 61-66.

Yang Z, Kong F X, Shi X L, et al. 2006a. Differences in response to rotifer *Brachionus urceus* culture media filtrate between *Scenedesmus obliquus* and *Microcystis aeruginosa*. Journal of Freshwater Ecology, 21(2): 209-214.

Yang Z, Kong F X, Shi X L, et al. 2006b. Morphological response of *Microcystis aeruginosa* to grazing by different sorts of zooplankton. Hydrobiologia, 563: 225-230.

Zhang M, Kong F X, Tan X, et al. 2007. Biochemical, morphological and genetic variations in *Microcystis aeruginosa* due to colony disaggregation. World Journal of Microbiology and Biotechnology, 23: 663-670.

Zhang M, Shi X L, Yu Y, et al. 2011. The acclimative changes in photochemistry after colony formation of the cyanobacteria *Microcystis aeruginosa*. Journal of Phycology, 47: 524-532.

Zhu W, Li M, Luo Y G, et al. 2014. Vertical distribution of *Microcystis* colony size in Lake Taihu: its role in algal blooms. Journal of Great Lake Research, 40: 949-955.

第四章　微囊藻群体的形成机制

目前，尽管有很多关于微囊藻群体形成机制的研究，但是仍然没有足够的数据来完全解释群体形成的原因。比较公认的是胞外多糖（EPS）在微囊藻聚集方面扮演重要角色。微囊藻胞外多糖由 C、H、O 构成，是构成群体微囊藻胶被的主要成分，通常以胶鞘和黏液层 2 种形式存在。胶鞘和黏液层均具有黏滞性，可将微囊藻单细胞黏着成群体（de Philippis and Vincenzini，1998；苏传东，2005）。微囊藻细胞的胞外多糖分泌量直接影响微囊藻群体的细胞数量及形态维持。胞外多糖含量与很多因子相关，这些因子可能通过影响胞外多糖分泌进而影响微囊藻的群体形成。

第一节　环境因子诱发微囊藻群体形成机制

目前已有研究表明，环境因子的变化会导致微囊藻表型的改变，诱发微囊藻由单细胞向群体转变的环境因子主要包括营养盐条件、光照强度、金属离子及其他污染物胁迫因子等。

一、营养盐条件

营养盐是藻类生长的必需因子之一，其中氮和磷是影响微囊藻生长的主要营养元素。许慧萍等（2014）进行了氮、磷浓度对水华微囊藻群体生长影响的研究。结果显示，低氮、磷浓度（TN≤100mg/L，TP≤5mg/L）组合条件下，微囊藻群体均增大，且都发现有大于 100 个细胞的群体生成，而 TN=250mg/L、TP=5.44mg/L 时，微囊藻群体实验初期增大，实验后期变小，且未发现有大于 100 个细胞的群体生成（图 4-1）。低浓度氮、磷有利于微囊藻群体的生长，而过高的氮、磷浓度则会抑制微囊藻群体形成。Wang 等（2010）在研究氮元素营养水平与鞭毛虫（*Ochromonas* sp.）对铜绿微囊藻群体形成的联合作用时发现，除对照组外，随着培养液中氮元素含量逐渐降低（100%、25% 及 10%），微囊藻的群体形成作用逐渐增强。

微囊藻群体的聚集与胞外多糖的含量有着直接的关系。Yang 等（2008）研究表明，群体表型的铜绿微囊藻细胞中的胞外多糖含量显著高于单细胞表型铜绿微囊藻。在氮、磷营养盐限制条件下，铜绿微囊藻细胞胞外多糖的含量明显高于对

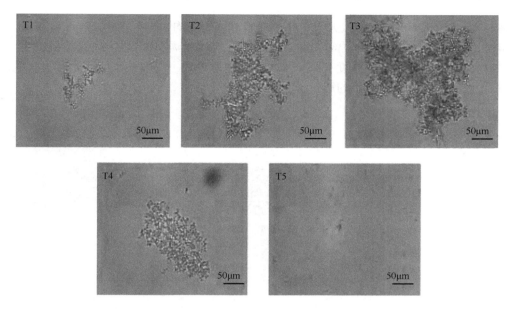

图 4-1　实验中不同氮、磷浓度培养下水华微囊藻群体大小比较

T1. TN 0.1mg/L，TP 0.005mg/L；T2. TN 1mg/L，TP 0.05mg/L；T3. TN 10mg/L，TP 0.5mg/L；

T4. TN 100mg/L，TP 5mg/L；T5. TN 250mg/L，TP 5.44mg/L

（引自杨桂军等，2009）

照组，且培养第 4 天就出现了肉眼可见的大群体（阳振，2010）。究其原因可能是，在营养充足的情况下，藻类光合产物转换成蛋白质、核酸及 ATP 用于细胞分裂、藻类生长和正常代谢活动，在这种情况下，胞外多糖积累减少，限制生长的群体形态减少（Li et al.，2013）。但是当营养不足时，微囊藻分泌胞外多糖含量增加，如氮（N）或者磷（P）饥饿能够促进胞外多糖的合成（Otero and Vincenzini，2003）。因为氮不足或磷缺乏时，藻类光合作用固定的有机物主要以不含氮、磷的碳水化合物形式存在，胞内碳水化合物的过量累积导致其逐步向胞外转移释放，使得胞外多糖含量显著升高，从而有利于藻类群体形成（董静和李根保，2016）。

二、光照强度

光照是影响藻类生长最重要的生态因子之一。为掌握光照强度对微囊藻群体大小增长的影响，张艳晴等（2014）以太湖微囊藻水华优势种之一的水华微囊藻作为研究对象，开展了不同光照强度对水华微囊藻群体大小增长影响的研究，研究中共设置 5 个不同光照强度处理组，依次为 G1：2000lx；G2：4000lx；G3：8000lx；G4：16 000lx；G5：变化光照强度（模拟野外光强）。实验期间，随着光照强度增强，水华微囊藻群体增大，其中变化光照强度组水华微囊藻形成的群体比低光照强度组 G1、G2 和 G3 都要大（图 4-2）。每个光照强度处理下均有大于 100 个细胞的群体出现，G1～G5 组大于 100 个细胞群体的平均大小分别为 255cells/群体、480cells/群体、630cells/群体、763cells/群体和 662cells/群体。以上研究结果表明，变化光照强度和高光照强度有利于水华微囊藻群体大小的增长，而低光照强度不利于水华微囊藻群体大小的增长。

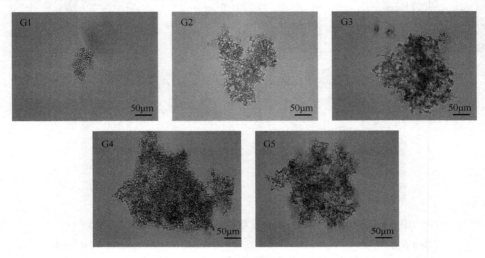

图 4-2　不同光照强度处理组微囊藻群体大小的比较

G1．36μmol/(m²·s)；G2．72μmol/(m²·s)；G3．144μmol/(m²·s)；
G4．288μmol/(m²·s)；G5．变化光照强度（模拟野外光强）

（引自张艳晴等，2014）

　　胞外多糖是微囊藻群体形成的物质基础，群体微囊藻的细胞外包裹着多糖黏液层，同时藻细胞的聚集需要一定量的胞外多糖才能维持（de Philippis and Vincenzini，1998）。与解聚成单细胞的微囊藻相比，群体微囊藻的溶解性胞外多糖、胶被多糖及总糖含量更高（Zhang et al.，2007）。张艳晴等（2014）对水华微囊藻群体胞外多糖含量进行分析显示，水华微囊藻形成的群体越大，胞外多糖含量越高。胞外多糖含量增加有利于水华微囊藻细胞的聚集，这也是水华微囊藻群体尤其是大于 100 个细胞群体随着光照强度的增强而增大的原因。

　　肖艳等（2014）研究了 6 株不同种的群体微囊藻在不同光照强度下群体形态的变化。对不同光照强度下群体大小测定的结果显示（图 4-3），当光照强度为 80～200μmol/(m²·s)时，6 株微囊藻群体直径显著增加（$P<0.05$）。在 200μmol/(m²·s) 的光照条件下，微囊藻的群体直径最大，DH-M1、DC-M2、TH-M2、DC-M1、FACHB1174 和 FACHB1027 的群体直径比对照组［25μmol/(m²·s)］分别增大了 2.4 倍、1.8 倍、1.9 倍、1.7 倍、1.9 倍和 3.9 倍。在光照强度低于 25μmol/(m²·s) 及黑暗条件下，6 株微囊藻的群体直径略有减小。

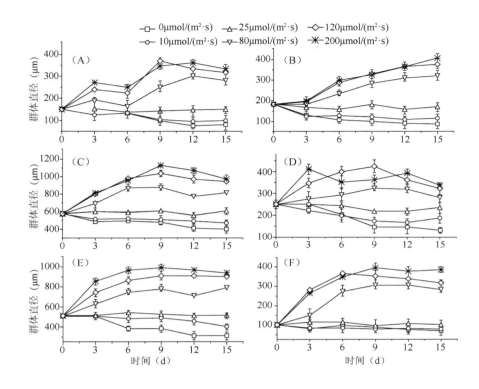

图 4-3 不同光强下微囊藻群体大小的变化

(A) *M. aeruginosa* DH-M1;(B) *M. viridis* DC-M2;(C) *M. aeruginosa* TH-M2;(D) *M. wesenbergii* DC-M1;
(E) *M. flos-aquae* FACHB1174;(F) *M. sp.* FACHB1027

(引自肖艳等,2014)

  对多糖含量分析发现,群体微囊藻 TH-M2、DC-M1、FACHB1174 和 FACHB1027 在高光强 120μmol/(m² · s)和 200μmol/(m² · s)下的胞外多糖含量显著高于 25～80μmol/(m² · s)的处理组含量($P<0.05$),而另外 2 株微囊藻 DH-M1、DC-M2 在光照强度为 25～200μmol/(m² · s)时,单位细胞胞外多糖含量变化无显著性差异($P>0.05$),保持在较低水平(图 4-4)。与此同时,胶被多糖含量的变化与胞外多糖含量的变化呈现相同的趋势(图 4-5)。对于不同的微囊藻株,高光照强度促进群体形态变化的作用机理不同:光饱和点低的微囊藻通过分泌大量的胞外多糖及胶被多糖使群体尺寸变大,而光饱和点高的微囊藻通过生长来促进群体尺寸的增大。

  除了高光照强度促进胞外多糖分泌外,细胞疏水性在微囊藻单细胞-群体形态转变过程中也扮演着重要角色,单细胞具有亲水性,群体转向单细胞时细胞疏水性显著降低。Yang 等(2011)认为高光照强度能够降低藻类细胞疏水性,从而影响其群体形成。群体微囊藻比单细胞具有更厚的多糖外被(Zhang et al.,2007),

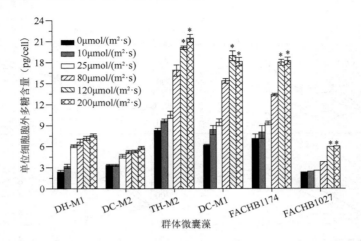

图 4-4 第 15 天不同光照强度下群体微囊藻的胞外多糖含量

（引自肖艳等，2014）

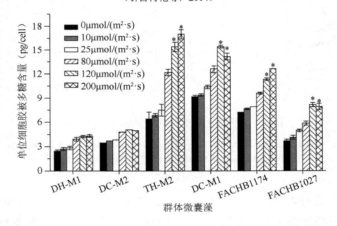

图 4-5 第 15 天不同光照强度下群体微囊藻的胶被多糖含量

（引自肖艳等，2014）

微囊藻单细胞低疏水性可能与薄的多糖外被有关（Hadjoudja et al.，2010）。

三、金属离子

（一）重金属离子

重金属离子为暴发蓝藻水华的自然水体底泥表层沉积物中的常见污染物（袁和忠等，2011；李杰等，2011）。底泥表层沉积物中的重金属离子污染物又可通过以下 2 种途径释放进入上覆水：①底泥表层沉积物受到底栖生物、自游生物及人为活动的搅动后极易引起再悬浮现象，导致沉积物间隙水中的重金属离子通过扩散进入上覆水（Je et al.，2007）；②当水体中沉积物-水界面处氧化还原环境改变时重金属离子释放至上覆水中（Wetzel，2001；苏春利和王焰新，2008）。进入上覆水中的重金属离子一部分迅速地被水体中的悬浮物吸附，另一部分则再次沉积于底泥中。池俏俏和朱广伟（2005）研究发现，在蓝藻水华较为严重的太湖梅梁湾水域，悬浮颗粒物中的 Pb、Cr 等重金属元素含量均远远大于水体底泥表层沉积物。由此可见，包括藻类在内的悬浮物可通过上覆水这一介质不断地吸附底泥表层沉积物中的重金属离子污染物（薛传东等，2007）。苏彦平等（2010）亦研究发现，在水华暴发高峰期（7 月）的太湖，蓝藻对 Pb、Cr、Cd 及 As 吸附量明显高于其他各期，其中 7 月蓝藻样品的 Pb、Cr 及 Cd 的平均含量分别是暴发后期（9 月）的 12.4 倍、30.1 倍及 106 倍。

鉴于重金属离子在微囊藻群体形成过程中可能发挥非常重要的作用，毕相东等先后开展了一系列研究。天津市水域生态研究组在国内外首次初步探讨了 Pb^{2+} 在微囊藻群体形成过程中的作用。铜绿微囊藻暴露于不同浓度 Pb^{2+}（5.0mg/L、10.0mg/L、20.0mg/L 及 40.0mg/L）10d 后均能形成群体（图 4-6），并且随着 Pb^{2+} 浓度的提高和暴露时间的延长，Pb^{2+} 促进微囊藻群体形成的作用愈加明显，表现出明显的剂量效应（图 4-7）（Bi et al.，2013）。

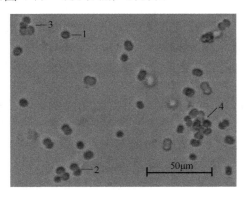

图 4-6　不同尺寸的微囊藻群体

1 为微囊藻单细胞；2 为微囊藻两细胞；3 为微囊藻小群体（3~10 个细胞）；4 为微囊藻中群体（11~50 个细胞）
（引自 Bi et al.，2013）

随后，Bi 等（2015）又开展了重金属离子在自然水体微囊藻群体形成中的作用研究。首先将水华暴发高峰期的铜绿微囊藻（*M. aeruginosa*）水华水样经孔径由大至小的浮游生物网依次过滤，浮游生物网孔径依次为 90μm、20μm、8μm 和 0.45μm。将依次过滤后分别获得的大群体、中群体、小群体及单细胞或两细胞的 4 类铜绿微囊藻样品经电感耦合等离子体发射光谱仪（ICP-AES）测定 Pb、Cd、Cr、Al、Fe 及 Mn 含量，发现 4 种不同尺寸微囊藻群体细胞的重金属含量及富集系数具有显著的差异性（表 4-1）。不同尺寸的微囊藻群体细胞对重金属富集量具

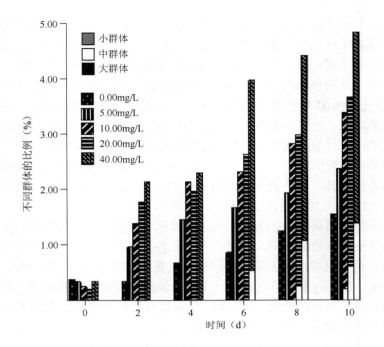

图 4-7 Pb^{2+} 作用下不同尺寸微囊藻群体的比例变化规律

$P_{小群体}=N_{小群体}/(N_{单细胞或两细胞体}+N_{小群体}+N_{中群体}+N_{大群体})\times100\%$; $P_{中群体}=N_{中群体}/(N_{单细胞或两细胞体}+N_{小群体}+N_{中群体}+N_{大群体})\times100\%$; $P_{大群体}=N_{大群体}/(N_{单细胞或两细胞体}+N_{小群体}+N_{中群体}+N_{大群体})\times100\%$

（引自 Bi et al.，2013）

有极显著差异，除 Cd 外，其他重金属元素富集量变化规律为：中群体＞小群体＞
大群体＞超大群体，大群体内部的藻细胞对重金属离子的富集具有一定的物理阻
隔效应。小群体或单细胞/两细胞微囊藻对 Cd 的富集显著高于中群体，推测 Cd
离子在微囊藻群体形成的最早期具有重要的作用。在所有被检测的重金属元素中，
微囊藻细胞对 Fe 富集量是最高的，而对 Cd 的富集量最低；与富集量不同的是，
微囊藻细胞的 Al 富集系数最高，而富集系数最低的为 Cr。

表 4-1 自然水体中不同尺寸微囊藻群体对重金属的
富集量及富集系数（Bi et al.，2015）

重金属元素	藻细胞重金属含量 （mg/kg 干重）				富集系数			
	超大群体	大群体	中群体	小群体	超大群体	大群体	中群体	小群体
Cd	$1.718\pm$ 0.11^c	$1.910\pm$ 0.051^c	$13.06\pm$ 0.68^b	$62.57\pm$ 2.1^a	(1.718 ± 0.11) $\times10^{3d}$	(1.910 ± 0.051) $\times10^{3c}$	(1.036 ± 0.068) $\times10^{4b}$	(6.257 ± 0.21) $\times10^{4a}$
Pb	$6.141\pm$ 0.12^d	$15.23\pm$ 0.23^c	$77.59\pm$ 1.4^a	$60.38\pm$ 0.91^b	(1.024 ± 0.020) $\times10^{3d}$	(2.538 ± 0.038) $\times10^{3c}$	(1.293 ± 0.023) $\times10^{4a}$	(1.073 ± 0.015) $\times10^{4b}$

续表

重金属元素	藻细胞重金属含量 （mg/kg 干重）				富集系数			
	超大群体	大群体	中群体	小群体	超大群体	大群体	中群体	小群体
Cr	$5.219\pm$ 0.62^d	$8.779\pm$ 0.85^c	$24.63\pm$ 0.13^a	$18.86\pm$ 1.7^b	(8.698 ± 1.0) $\times10^{2d}$	(1.463 ± 0.14) $\times10^{3c}$	(4.104 ± 0.021) $\times10^{3a}$	(3.142 ± 0.28) $\times10^{3b}$
Fe	$879.6\pm$ 13^d	$2780\pm$ 8.1^c	$6407\pm$ 18^a	$6162\pm$ 16^b	(1.238 ± 0.018) $\times10^{4d}$	(3.916 ± 0.014) $\times10^{4c}$	(9.024 ± 0.0021) $\times10^{4a}$	(8.679 ± 0.028) $\times10^{4b}$
Mn	$31.51\pm$ 2.9^d	$56.99\pm$ 4.6^c	$225.5\pm$ 1.2^a	$130.5\pm$ 4.0^b	(2.424 ± 0.22) $\times10^{3d}$	(4.384 ± 0.35) $\times10^{3c}$	(1.734 ± 0.0092) $\times10^{4a}$	(1.004 ± 0.031) $\times10^{4b}$
Al	$727.2\pm$ 22^d	$2380\pm$ 41^c	$5791\pm$ 9.6^a	$5274\pm$ 63^b	(2.797 ± 0.085) $\times10^{4d}$	(9.154 ± 0.16) $\times10^{4c}$	(2.227 ± 0.037) $\times10^{5a}$	(2.029 ± 0.24) $\times10^{5b}$

注：实验结果以平均值±SD 表示；表格中同一列标有相同字母或未标写字母的表示不具有显著差异，而标有不同字母的数值之间表示具有显著的差异性

关于重金属离子诱导微囊藻群体形成机制的研究也已取得一定进展。已有研究证实，在受到一定浓度重金属离子胁迫时，蓝藻可以分泌胞外多糖吸附重金属离子，阻止重金属离子进入藻细胞，从而减轻重金属离子对藻细胞的毒害作用（姜闻新等，2010；Pereira et al.，2011；李杰等，2011）；同时重金属离子又可与胞外多糖的糖醛酸等阴离子基团相结合，进而促进藻细胞胞外多糖在细胞表面的聚集（Lau et al.，2003；Pereira et al.，2011），反过来使藻细胞免受重金属离子的进一步伤害。Ozturk 等（2010）研究发现，集胞藻（*Synechocystis* sp. BASO670 与 *Synechocystis* sp. BASO672）在受到 15mg/L 及 35mg/L Cd^{2+} 胁迫时胞外多糖分泌量显著增加（$P<0.05$），且经扫描电镜及能谱仪分析发现，藻细胞表面的胶鞘多糖层明显增厚，大量 Cd^{2+} 吸附在胶鞘多糖中；同时研究发现，在 10mg/L Cd^{2+} 胁迫下胶鞘多糖的糖醛酸含量显著升高（$P<0.05$）。Demirel 等（2009）亦发现，集胞藻（*Synechocystis* sp. B35）在受到 10mg/L Fe^{3+} 胁迫时，大量 Fe^{3+} 吸附于胞外多糖中。杨芳等（2007）研究发现，高浓度 Te^{4+} 胁迫下极大螺旋藻（*Spirulina maxima*）的藻液变得十分黏稠，胞外多糖的积累量明显增加。Sharma 等（2008）研究沉钙粘球藻（*Gloeocapsa calcarea*）与点型念珠藻（*Nostoc punctiforme*）对 Cr^{6+} 吸附作用时，间接地发现两株藻胞外多糖的分泌量均可随着水体中 Cr^{6+} 浓度升高而逐渐增加。Bi 等（2013，2016）研究同样发现，pb^{2+}、Cd^{2+} 可显著提高微囊藻细胞胶鞘多糖的含量，见表 4-2、表 4-3 和图 4-8。

表 4-2　不同浓度 Pb^{2+}对铜绿微囊藻胶鞘多糖（bEPS）含量的影响（单位：pg/cell）（Bi et al.，2013）

浓度（mg/L）	0d	2d	4d	6d	8d	10d
0.0	0.361 ± 0.008^a	0.358 ± 0.011^a	0.355 ± 0.009^a	0.362 ± 0.010^a	0.364 ± 0.007^a	0.371 ± 0.005^a
5.0	0.363 ± 0.008^a	0.424 ± 0.013^b	0.378 ± 0.015^b	0.376 ± 0.014^a	0.375 ± 0.012^a	0.373 ± 0.010^a

续表

浓度（mg/L）	0d	2d	4d	6d	8d	10d
10.0	0.363±0.010[a]	0.484±0.003[c]	0.416±0.005[c]	0.397±0.017[b]	0.388±0.010[b]	0.382±0.016[a]
20.0	0.364±0.010[a]	0.568±0.010[d]	0.465±0.012[d]	0.421±0.009[c]	0.408±0.003[c]	0.392±0.011[b]
40.0	0.364±0.005[a]	0.632±0.015[e]	0.509±0.008[e]	0.453±0.011[d]	0.422±0.018[d]	0.394±0.010[b]

注：实验数据值表示为平均值±SD，$n = 3$ 时，有相同的字母或无字母的数值差异不显著（$P>0.05$），而有不同的字母表示差异显著（$P<0.05$）

表 4-3　铜绿微囊藻胶鞘多糖及胞内多糖与其群体形成相关的
皮尔逊相关系数（Bi et al.，2016）

时间（d）	单位细胞胶鞘多糖吸附的 Cd²⁺ 总量与初始 Cd²⁺ 浓度间相关性	单位细胞内积累 Cd²⁺ 总量与初始 Cd²⁺ 浓度间相关性	吸附 Cd²⁺ 总量与单位细胞胶鞘多糖含量的相关性	积累 Cd²⁺ 总量与单位细胞胞内多糖含量的相关性	单位细胞胶鞘多糖含量与胞内多糖含量的相关性	初始 Cd²⁺ 浓度与微囊藻群体形成的相关性
2	0.994[**]	0.977[**]	0.897[**]	0.513[*]	0.891[**]	0.724[**]
4	0.988[**]	0.980[**]	0.829[**]	0.821[**]	0.985[**]	0.823[**]
6	0.976[**]	0.975[**]	0.667[**]	0.732[**]	0.981[**]	0.914[**]
8	0.978[**]	0.978[**]	0.628[**]	0.682[**]	0.990[**]	0.955[**]
10	0.987[**]	0.986[**]	0.737[**]	0.795[**]	0.997[**]	0.933[**]

*代表相关性显著（$P<0.05$）；**代表相关性极显著（$P<0.01$）

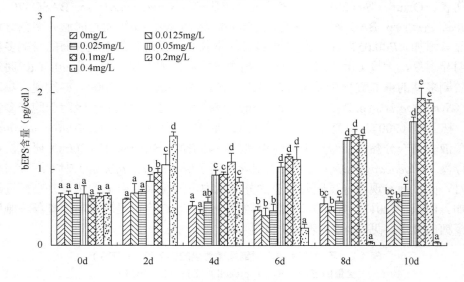

图 4-8　不同浓度 Cd²⁺对微囊藻细胞胶鞘多糖含量的影响

图中标注相同的字母或无字母表示两者之间差异不显著（$P>0.05$），
而字母不同表示两者之间具显著性差异（$P<0.05$）

（引自 Bi et al.，2016）

在深入探讨重金属离子促进微囊藻群体形成的作用机制时，毕相东等采用相对和绝对定量同位素标记（isobaric tags for relative and absolute quantitation，iTRAQ）技术分析了 Cd^{2+} 对铜绿微囊藻细胞蛋白表达的影响，鉴定了获得的 7766 条肽段在"1%蛋白水平 FDR"过滤标准下共有 1170 个蛋白。在 COG 聚簇分析结果中发现，相比于其他相关生物学过程，在不同浓度 Cd^{2+} 作用下"Energy production and conversion""Amino acid transport and metabolism""Carbohydrate transport and metabolism"及"Cell wall/membrane/envelope biogenesis"等生物学过程所涉及的差异蛋白数量较多，详见图 4-9。

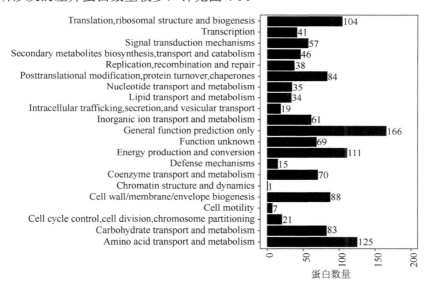

图 4-9　Cd^{2+} 作用下差异蛋白的 COG 功能注释及数量分布

（引自毕相东，2016）

鉴定出的 1170 个蛋白可归类入 197 个 KEGG 代谢通路中，其中"Metabolic pathways""Biosynthesis of secondary metabolites"及"Biosynthesis of antibiotics"3 个 KEGG 代谢通路蛋白种类所占比例较高，分别为 42.55%、22.46% 及 14.08%，具体代谢通路见表 4-4。

表 4-4　微囊藻细胞蛋白 KEGG 代谢通路分布（毕相东，2016）

序号	注释于信号中的不同蛋白种类	数量（比例）
1	Metabolic pathways	411（42.55%）
2	Biosynthesis of secondary metabolites	217（22.46%）
3	Biosynthesis of antibiotics	136（14.08%）
4	Microbial metabolism in diverse environments	118（12.22%）

续表

序号	注释于信号中的不同蛋白种类	数量（比例）
5	Biosynthesis of amino acids	91 （9.42%）
6	Carbon metabolism	73 （7.56%）
7	Ribosome	43 （4.45%）
8	Purine metabolism	41 （4.24%）
9	Amino sugar and nucleotide sugar metabolism	31 （3.21%）
10	Photosynthesis	31 （3.21%）
11	ABC transporters	30 （3.11%）
12	Oxidative phosphorylation	29 （3%）
13	Glycolysis / Gluconeogenesis	29 （3%）
14	Porphyrin and chlorophyll metabolism	27 （2.8%）
15	Pyruvate metabolism	26 （2.69%）
16	2-Oxocarboxylic acid metabolism	25 （2.59%）
17	Two-component system	24 （2.48%）
18	Starch and sucrose metabolism	24 （2.48%）
19	Aminoacyl-tRNA biosynthesis	24 （2.48%）
20	Carbon fixation pathways in prokaryotes	23 （2.38%）
21	Methane metabolism	22 （2.28%）
22	Glyoxylate and dicarboxylate metabolism	22 （2.28%）
23	Alanine, aspartate and glutamate metabolism	22 （2.28%）
24	Pyrimidine metabolism	22 （2.28%）
25	Glycine, serine and threonine metabolism	21 （2.17%）
26	Fructose and mannose metabolism	21 （2.17%）
27	RNA degradation	21 （2.17%）
28	Cysteine and methionine metabolism	20 （2.07%）
29	Pentose phosphate pathway	19 （1.97%）
30	Carbon fixation in photosynthetic organisms	19 （1.97%）
31	Photosynthesis - antenna proteins	18 （1.86%）
32	Citrate cycle （TCA cycle）	17 （1.76%）
33	Fatty acid metabolism	17 （1.76%）
34	Fatty acid biosynthesis	16 （1.66%）
35	Nitrogen metabolism	16 （1.66%）
36	Glutathione metabolism	14 （1.45%）
37	Valine, leucine and isoleucine biosynthesis	14 （1.45%）
38	Arginine biosynthesis	13 （1.35%）
39	Propanoate metabolism	13 （1.35%）
40	Lysine biosynthesis	12 （1.24%）
41	Phenylalanine, tyrosine and tryptophan biosynthesis	12 （1.24%）
42	Butanoate metabolism	12 （1.24%）
43	Arginine and proline metabolism	12 （1.24%）

续表

序号	注释于信号中的不同蛋白种类	数量（比例）	
44	Histidine metabolism	11	（1.14%）
45	Nonribosomal peptide structures	11	（1.14%）
46	Sulfur metabolism	10	（1.04%）
47	Streptomycin biosynthesis	10	（1.04%）
48	C5-Branched dibasic acid metabolism	10	（1.04%）
49	Terpenoid backbone biosynthesis	10	（1.04%）
50	Ubiquinone and other terpenoid-quinone biosynthesis	10	（1.04%）
51	Nicotinate and nicotinamide metabolism	10	（1.04%）
52	Biotin metabolism	10	（1.04%）
53	Galactose metabolism	9	（0.93%）
54	Peptidoglycan biosynthesis	9	（0.93%）
55	Mismatch repair	9	（0.93%）
56	Pantothenate and CoA biosynthesis	9	（0.93%）
57	One carbon pool by folate	9	（0.93%）
58	Peroxisome	8	（0.83%）
59	Central carbon metabolism in cancer	8	（0.83%）
60	Cell cycle - Caulobacter	8	（0.83%）
61	Bacterial secretion system	8	（0.83%）
62	Tyrosine metabolism	8	（0.83%）
63	Homologous recombination	8	（0.83%）
64	Tuberculosis	8	（0.83%）
65	DNA replication	8	（0.83%）
66	Protein export	7	（0.72%）
67	Glucagon signaling pathway	7	（0.72%）
68	Nucleotide excision repair	7	（0.72%）
69	Cationic antimicrobial peptide （CAMP） resistance	7	（0.72%）
70	Carotenoid biosynthesis	7	（0.72%）
71	Biosynthesis of unsaturated fatty acids	6	（0.62%）
72	Legionellosis	6	（0.62%）
73	Fatty acid degradation	6	（0.62%）
74	Folate biosynthesis	6	（0.62%）
75	Thiamine metabolism	6	（0.62%）
76	Degradation of aromatic compounds	5	（0.52%）
77	Drug metabolism - other enzymes	5	（0.52%）
78	Selenocompound metabolism	5	（0.52%）
79	Monobactam biosynthesis	5	（0.52%）
80	Valine, leucine and isoleucine degradation	5	（0.52%）
81	Base excision repair	5	（0.52%）
82	Drug metabolism - cytochrome P450	5	（0.52%）

续表

序号	注释于信号中的不同蛋白种类	数量（比例）
83	Inositol phosphate metabolism	5 （0.52%）
84	Phenylalanine metabolism	5 （0.52%）
85	Cyanoamino acid metabolism	5 （0.52%）
86	Vitamin B6 metabolism	5 （0.52%）
87	Salmonella infection	5 （0.52%）
88	Type I polyketide structures	4 （0.41%）
89	Protein processing in endoplasmic reticulum	4 （0.41%）
90	Chemical carcinogenesis	4 （0.41%）
91	Metabolism of xenobiotics by cytochrome P450	4 （0.41%）
92	Aminobenzoate degradation	4 （0.41%）
93	Tryptophan metabolism	4 （0.41%）
94	Polyketide sugar unit biosynthesis	4 （0.41%）
95	Glycerophospholipid metabolism	4 （0.41%）
96	Sulfur relay system	4 （0.41%）
97	Riboflavin metabolism	4 （0.41%）
98	Pentose and glucuronate interconversions	4 （0.41%）
99	Insulin signaling pathway	4 （0.41%）
100	Chloroalkane and chloroalkene degradation	4 （0.41%）
101	HIF-1 signaling pathway	4 （0.41%）
102	GABAergic synapse	4 （0.41%）
103	Biosynthesis of ansamycins	4 （0.41%）
104	Glycerolipid metabolism	4 （0.41%）
105	RNA polymerase	4 （0.41%）
106	Tetracycline biosynthesis	4 （0.41%）
107	Lipopolysaccharide biosynthesis	3 （0.31%）
108	AMPK signaling pathway	3 （0.31%）
109	Pathways in cancer	3 （0.31%）
110	Huntington's disease	3 （0.31%）
111	Viral carcinogenesis	3 （0.31%）
112	Toluene degradation	3 （0.31%）
113	Type II diabetes mellitus	3 （0.31%）
114	Biosynthesis of siderophore group nonribosomal peptides	3 （0.31%）
115	Chlorocyclohexane and chlorobenzene degradation	3 （0.31%）
116	Fluorobenzoate degradation	2 （0.21%）
117	PPAR signaling pathway	2 （0.21%）
118	Mineral absorption	2 （0.21%）
119	Limonene and pinene degradation	2 （0.21%）
120	N-Glycan biosynthesis	2 （0.21%）
121	Taurine and hypotaurine metabolism	2 （0.21%）

续表

序号	注释于信号中的不同蛋白种类	数量（比例）
122	Synaptic vesicle cycle	2（0.21%）
123	Sphingolipid metabolism	2（0.21%）
124	Isoquinoline alkaloid biosynthesis	2（0.21%）
125	Stilbenoid, diarylheptanoid and gingerol biosynthesis	2（0.21%）
126	Phosphatidylinositol signaling system	2（0.21%）
127	Insulin resistance	2（0.21%）
128	Naphthalene degradation	2（0.21%）
129	Benzoate degradation	2（0.21%）
130	Atrazine degradation	2（0.21%）
131	FoxO signaling pathway	2（0.21%）
132	Lysine degradation	2（0.21%）
133	Tropane, piperidine and pyridine alkaloid biosynthesis	2（0.21%）
134	RNA transport	2（0.21%）
135	Bisphenol degradation	2（0.21%）
136	Adipocytokine signaling pathway	2（0.21%）
137	Alzheimer's disease	2（0.21%）
138	Phenylpropanoid biosynthesis	2（0.21%）
139	Vasopressin-regulated water reabsorption	2（0.21%）
140	Meiosis - yeast	2（0.21%）
141	Type I diabetes mellitus	2（0.21%）
142	Glutamatergic synapse	2（0.21%）
143	Novobiocin biosynthesis	2（0.21%）
144	Vancomycin resistance	2（0.21%）
145	Endocytosis	1（0.1%）
146	Flavonoid biosynthesis	1（0.1%）
147	Isoflavonoid biosynthesis	1（0.1%）
148	Renal cell carcinoma	1（0.1%）
149	beta-Lactam resistance	1（0.1%）
150	Polycyclic aromatic hydrocarbon degradation	1（0.1%）
151	Linoleic acid metabolism	1（0.1%）
152	Nitrotoluene degradation	1（0.1%）
153	Influenza A	1（0.1%）
154	Hepatitis B	1（0.1%）
155	NOD-like receptor signaling pathway	1（0.1%）
156	mRNA surveillance pathway	1（0.1%）
157	PI3K-Akt signaling pathway	1（0.1%）
158	Cocaine addiction	1（0.1%）
159	Thyroid hormone synthesis	1（0.1%）
160	Biosynthesis of type II polyketide products	1（0.1%）
161	Toxoplasmosis	1（0.1%）

序号	注释于信号中的不同蛋白种类	数量（比例）
162	Styrene degradation	1（0.1%）
163	D-Glutamine and D-glutamate metabolism	1（0.1%）
164	p53 signaling pathway	1（0.1%）
165	Plant-pathogen interaction	1（0.1%）
166	beta-Alanine metabolism	1（0.1%）
167	Retinol metabolism	1（0.1%）
168	Ethylbenzene degradation	1（0.1%）
169	D-Alanine metabolism	1（0.1%）
170	Parkinson's disease	1（0.1%）
171	Non-alcoholic fatty liver disease （NAFLD）	1（0.1%）
172	Prostate cancer	1（0.1%）
173	Viral myocarditis	1（0.1%）
174	Biosynthesis of 12-, 14- and 16-membered macrolides	1（0.1%）
175	Colorectal cancer	1（0.1%）
176	Alcoholism	1（0.1%）
177	Amphetamine addiction	1（0.1%）
178	Serotonergic synapse	1（0.1%）
179	Steroid hormone biosynthesis	1（0.1%）
180	Phosphonate and phosphinate metabolism	1（0.1%）
181	Other glycan degradation	1（0.1%）
182	Glycosaminoglycan biosynthesis - chondroitin sulfate / dermatan sulfate	1（0.1%）
183	Ascorbate and aldarate metabolism	1（0.1%）
184	Epithelial cell signaling in *Helicobacter pylori* infection	1（0.1%）
185	Small cell lung cancer	1（0.1%）
186	Progesterone-mediated oocyte maturation	1（0.1%）
187	Synthesis and degradation of ketone bodies	1（0.1%）
188	Apoptosis	1（0.1%）
189	Amyotrophic lateral sclerosis （ALS）	1（0.1%）
190	Renin-angiotensin system	1（0.1%）
191	Carbapenem biosynthesis	1（0.1%）
192	Herpes simplex infection	1（0.1%）
193	Antigen processing and presentation	1（0.1%）
194	Dopaminergic synapse	1（0.1%）
195	Estrogen signaling pathway	1（0.1%）
196	Butirosin and neomycin biosynthesis	1（0.1%）
197	Biosynthesis of vancomycin group antibiotics	1（0.1%）

  总体来看，在 Cd^{2+} 作用下碳代谢相关的核心蛋白整体表达变化较小，但当 Cd^{2+} 浓度达到 0.4mg/L（Cd_F）时，三羧酸循环（TCA cycle）和磷酸戊糖途径（pentose phosphate pathway）相关蛋白受到显著抑制。在 0.05mg/L Cd^{2+} 处理组中柠檬酸合

成酶（citrate synthase）、延胡索酸水合酶（fumarate hydratase）、L-乳酸脱氢酶（L-lactate dehydrogenase）及琥珀酰辅酶 A 合成酶（succinyl-CoA synthetase）表达量均提高 20% 以上；在 0.1mg/L Cd^{2+} 处理组中磷酸转酮酶（phosphoketolase）、葡萄糖 -6- 磷酸脱氢酶（glucose-6-phosphate dehydrogenase）、6- 磷酸果糖激酶（6-phosphofructokinase）及磷酸葡糖胺酶（phosphoglucosamine mutase）表达量降低至 78% 以下，见图 4-10。

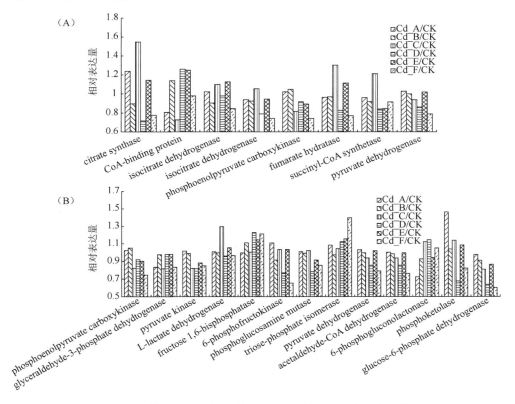

图 4-10　Cd^{2+} 作用下微囊藻碳代谢相关的核心蛋白表达变化特征

（A）三羧酸循环相关蛋白；（B）磷酸戊糖途径相关蛋白培养液中 Cd^{2+} 终浓度为 0.0125mg/L、0.025mg/L、0.05mg/L、0.1mg/L、0.2mg/L 及 0.4mg/L，分别记为 Cd_A、Cd_B、Cd_C、Cd_D、Cd_E 及 Cd_F

（引自毕相东，2016）

在蓝藻细胞中 ATP 酶参与了二价阳离子的移除，而 Cd^{2+} 可通过镁、锰及钙吸收机制进入藻细胞内。在 Cd^{2+} 作用下，许多 ABC 转运系统相关蛋白的表达发生明显变化，其中在 Cd_A 和 Cd_C 处理组中硝酸盐 ABC 转运酶蛋白表达水平上调超过 21%。除此之外，在 Cd_A 和 Cd_E 处理组中阳离子 ABC 转运酶及底物结合蛋白的表达水平分别上调 39% 及 21%。值得注意的是，在 Cd_C、Cd_D、Cd_E 和 Cd_F 处理组中杆菌肽转运系统的 ATP 结合蛋白表达量上调均超过 21%。在 Cd^{2+}

作用下，Fe^{3+}ABC 转运系统相关蛋白的表达水平未发生明显变化。Cd_A（Cd^{2+}为 0.0125mg/L）处理组细菌分泌系统相关蛋白（SecY、SecA 和 FtsY）表达量分别上调 22%、24%及 38%。

微囊藻细胞通过分泌多糖等有机质来积极响应 Cd^{2+}胁迫。在 Cd_A 处理组中，与微囊藻细胞多糖合成相关的脂糖合成酶（lipid-A-disaccharide synthase）、CapD 及 RfbB 表达量上调超过 25%，但随着 Cd^{2+}作用浓度的升高，脂糖合成酶的表达量逐渐下调。胶鞘多糖含量测定结果表明，低浓度 Cd^{2+}可显著促进微囊藻胶鞘多糖含量的提高，而高浓度 Cd^{2+}则抑制藻细胞胶鞘多糖的产生及分泌，当 Cd^{2+}浓度达 0.4mg/L 时，甘露糖-1-磷酸鸟嘌呤转移酶（mannose-1-phosphate guanylyl transferase）、糖基转移酶（glycosyl transferase）与 RfbB 等与多糖合成相关的蛋白的表达受到显著抑制。除此之外，与微囊藻毒素合成相关的 McyB、McyC、McyD、McyE、McyG、McyI 与 McyJ 在本研究中被鉴定出来，同时发现在 Cd_A 和 Cd_E 处理组中 McyC 的实时表达量上调 22%以上，具体见图 4-11。

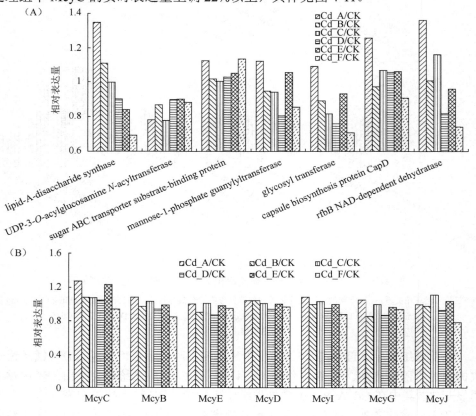

图 4-11　Cd^{2+}作用下微囊藻细胞多糖合成

（A）微囊藻毒素合成；（B）微囊藻毒素合成途径相关蛋白表达的变化特征

（引自毕相东，2016）

　　高效的光合作用效率奠定了微囊藻较强的种群竞争优势。我们发现 Cd^{2+} 可显著影响卟啉和叶绿素代谢及微囊藻细胞的光合作用，见图 4-12，同时在 Cd_A 与 Cd_C 处理组中，镁原卟啉 IX 单酯环化酶（magnesium-protoporphyrin IX monomethyl ester cyclase）、谷氨酸-tRNA 连接酶（glutamate-tRNA ligase）、光系统 II 外源蛋白（photosystem II extrinsic protein）及 ATP 合成酶（ATP synthase）表达量上调 27% 以上，光合作用的增强可促进固碳及能量转换，进而促进多糖的合成及微囊藻群体的形成，具体见图 4-12。

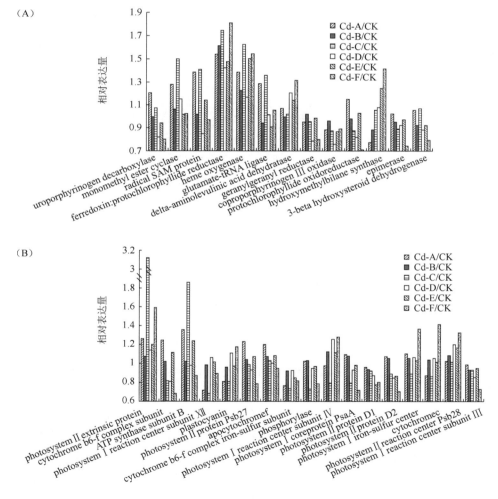

图 4-12　Cd^{2+} 作用下微囊藻细胞卟啉和叶绿素代谢（A）及
光合作用（B）相关蛋白表达变化特征

（引自毕相东，2016）

总体来说，当 Cd^{2+} 浓度为 0.0125mg/L 时，阳离子 ABC 转运蛋白及包括 SecY、SecA 和 FtsY 在内的细胞分泌系统相关蛋白表达量显著增加。当 Cd^{2+} 浓度为 0.05mg/L 时，与糖酵解和三羧酸循环相关的柠檬酸合成酶（citrate synthase）、延胡索酸水合酶（fumarate hydratase）、L-乳酸脱氢酶（L-lactate dehydrogenase）及琥珀酰辅酶 A 合成酶（succinyl-CoA synthetase）表达量均显著提高。除此之外，当 Cd^{2+} 浓度为 0.025mg/L 时，McyC（毒素合成相关蛋白）、脂糖合成酶、CapD 及 RfbB 蛋白表达量上调 22%，而已有的研究表明，微囊藻毒素可明显促进多糖合成相关蛋白基因的表达，进而可能促进微囊藻群体的形成。

综上，Cd^{2+} 可不同程度地通过提高多糖合成、三羧酸循环、光合作用及微囊藻毒素合成途径相关蛋白的表达量来增加藻细胞多糖的产量，进而促进微囊藻群体的形成，具体的作用机制见图 4-13。

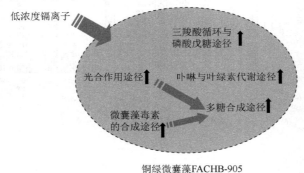

图 4-13　铜绿微囊藻细胞对低浓度 Cd^{2+} 胁迫作用的响应机制

（引自毕相东，2016）

（二）非重金属阳离子

Li 等（2013）发现微囊藻的群体直径与胞外多糖含量存在明显的正相关关系，而胞外多糖与胞内多糖也存在显著的正相关关系，可见多糖的合成和分泌与微囊藻形成群体和维持群体形态有着密不可分的关系。鉴于胞外多糖在微囊藻群体中发挥着重要作用，郭丽丽等（2013）通过模拟野外水体中铜绿微囊藻的生长，研究了水中主要阳离子 Ca^{2+}、Mg^{2+}、K^+、Na^+ 质量浓度的变化对铜绿微囊藻多糖合成和分泌的影响。研究发现，Ca^{2+} 质量浓度的增加会促进铜绿微囊藻多糖的合成。有 Mg^{2+} 条件下，Mg^{2+} 在适宜质量浓度下会抑制多糖分泌、防止多糖溶解，Mg^{2+} 质量浓度的增大对铜绿微囊藻多糖的合成有促进作用。K^+ 质量浓度对微囊藻多糖的合成呈现先促进后抑制的作用。Na^+ 质量浓度的变化对微囊藻多糖的合成无明显影响，Na⁺质量浓度的增加对多糖的溶解过程有轻微的促进作用。研究结果表明，不同金属阳离子对铜绿微囊藻多糖的合成和分泌的影响不同。

　　Xu 等（2016）结合传统分析和先进表征手段，对不同阳离子环境下胞外多糖（EPS）的水力学行为、构效变化进行了研究，发现 EPS 在不同阳离子条件下的水力学行为差异明显，单价钠离子对 EPS 颗粒水力学行为几乎没有影响，而二价钙、镁离子易引起 EPS 颗粒聚集，但是所有 EPS 表面电荷均随一价和二价阳离子浓度的升高而减少，表明 EPS 与阳离子作用并非简单的静电物理中和。离子滴定结合光谱研究表明，二价钙、镁离子易与 EPS 中的活性官能团（如酚-OH、芳香 C=C、碳水 C-O）结合，而单价钠离子虽然与这些官能团也有络合，但是结合能力及容量均极为微弱。基于低温冷冻透射电镜分析，二价钙、镁离子的配位及架桥作用易与 EPS 中的官能团形成–O–M²⁺–O–络合物，促进 EPS 颗粒团聚（图 4-14）。室内实验进一步发现，在二价钙、镁离子存在的条件下，EPS 的构效团聚作用可促进微囊藻聚集体的形成（100～200μm）。

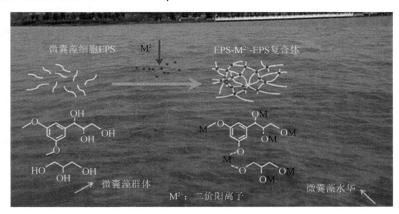

图 4-14　二价阳离子促进微囊藻细胞集聚成微囊藻群体的示意图

（引自 Xu et al.，2016）

第二节　浮游动物诱发微囊藻群体形成机制

　　在自然水体中，相对于竞争作用，藻类面临的最危险环境是捕食者的牧食作用，所以在同牧食者的相互作用过程中，藻类形成了多种防御策略，包括在细胞壁外形成胶鞘或黏胶（van Donk and Hessen，1993；Otten et al.，1998）、细胞壁增厚（Horn et al.，1981）、在胞外形成刺（Trainor and Egan，1988；Lurling and

Beekman，1999）及产生毒素（Boersma and Vijverberg，1995）等，而群体的形成也是微囊藻防御牧食的重要策略之一 。

一、诱发微囊藻群体形成的浮游动物种类

目前，已报道过通过牧食作用诱发微囊藻群体形成的浮游动物主要为鞭毛虫和枝角类。

（一）鞭毛虫

Burkert 等（2001）在研究棕鞭毛虫（*Ochromonas* sp.）对铜绿微囊藻群体形成的影响时，由于偶然事故，分隔的透析膜突然破裂，隔膜另一边的棕鞭毛虫突然进入铜绿微囊藻的培养空间，随后观察到由几十个乃至几百个细胞聚合形成的群体。另外，研究发现，铜绿微囊藻在棕鞭毛虫的牧食压力下，胞外多糖分泌显著增多，并且微囊藻群体在抵抗鞭毛虫的牧食中起着极其重要的作用。

Yang 和 Kong（2012）同样发现，单细胞铜绿微囊藻在棕鞭毛虫的牧食压力下，10d 后开始形成群体，并随着牧食处理时间的延长，群体细胞数量和群体直径逐渐增大（图 4-15）。

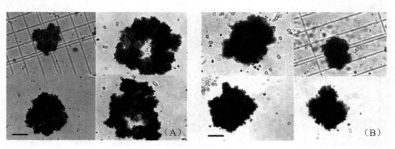

图 4-15　棕鞭毛虫的牧食压力诱导形成的微囊藻群体

（A）漂浮微囊藻群体；（B）下沉微囊藻群体；标尺为 50μm

（引自 Yang and Kong，2012）

在棕鞭毛虫持续的牧食压力下，50d 后诱发形成的微囊藻群体的平均直径达到 68.19μm（图 4-16），单个群体平均藻细胞数量为 377 个，其中部分群体直径甚至超过了 180μm（Yang and Kong，2012）。

Yang 和 Kong（2012）对群体和单个铜绿微囊藻单糖和多糖含量进行比较后发现，两种表型铜绿微囊藻细胞单糖含量没有显著差异，但是群体微囊藻多糖含量显著高于单细胞微囊藻多糖含量（图 4-17）；并且微囊藻的粘连主要是由于多糖总含量的增加，而不是多糖成分的改变（表 4-5）。

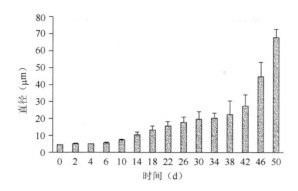

图 4-16　棕鞭毛虫牧食压力诱导形成的微囊藻群体平均直径的变化

（引自 Yang and Kong，2012）

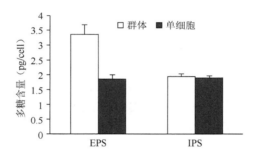

图 4-17　群体微囊藻和单细胞微囊藻单个细胞内胞外多糖和胞内多糖（IPS）含量的比较

（引自 Yang and Kong，2012）

表 4-5　单细胞微囊藻与群体微囊藻的单糖组成（%）（Yang and Kong，2012）

单糖组分	单细胞	群体
葡萄糖（glucose）	80.12	79.65
半乳聚糖（galactan）	9.07	9.38
甘露糖（mannose）	3.89	4.02
岩藻糖（fucose）	2.34	2.25
木糖（xylose）	1.63	1.50
核糖（ribose）	1.09	1.20
鼠李糖（rhamnose）	1.02	1.03
阿拉伯糖（arabinose）	0.84	0.97

　　杨州等（2008）研究表明，单细胞微囊藻在棕鞭毛虫牧食诱发后会快速地形成群体形态，同时藻细胞的胞外多糖含量及生物学活性均有明显提高，其中藻细

胞的酯酶活性和叶绿素荧光强度在棕鞭毛虫的牧食压力下逐渐提高，实验后期至实验结束时达到显著提高的水平，表明棕鞭毛虫的牧食胁迫提高了微囊藻细胞的生物学活性，而生物学活性的提高可提高藻细胞胞外多糖的产量及分泌量，进而促进微囊藻群体形态的形成、增大及维持。另外，在棕鞭毛虫牧食压力下，微囊藻细胞大小有所减小，分析其原因可能是棕鞭毛虫的牧食压力启动了微囊藻细胞快速增殖，导致多数微囊藻细胞在未完全成熟时即启动再分裂；同时，较小的藻细胞个体可显著提高细胞的比表面积，直接提高了细胞与水华环境中营养元素的接触面积，从而能更快捷地获取更多的营养资源，有利于其种群竞争优势的维持及扩大（Raven，1998；Smith and Kalff，1982）。总体来说，单细胞微囊藻在棕鞭毛虫的牧食压力下快速地形成群体形态，是对棕鞭毛虫牧食的诱发性防御反应，更是一种生存竞争策略，可有效提高存活率，维持种群延续。

（二）枝角类

杨桂军等（2009）将太湖微囊藻水华中的 3 种优势微囊藻包括水华微囊藻1028、惠氏微囊藻929、铜绿微囊藻469 和铜绿微囊藻905 培养在改良后的 BG-11培养基中，然后加入角突网纹溞（*Ceriodaphnia cornuta*）以研究 3 种优势微囊藻对浮游动物牧食压力的形态反应，整个实验共进行了 12d。研究结果显示，除了水华微囊藻 1028 以外，在惠氏微囊藻929、铜绿微囊藻469 和铜绿微囊藻905 中没有观察到有大群体（大于 10 个细胞）的出现。在水华微囊藻中，处理组大群体细胞所占总细胞的比例与对照组显著不同，其中对照组占22%，而实验组占53%。铜绿微囊藻 469 和铜绿微囊藻 905 对照组和实验组中绝大部分是单细胞，而惠氏微囊藻929 则是单细胞和两细胞占绝大部分（图4-18）。水华微囊藻对照组和处理组中单细胞、两细胞、小群体（3～10 个细胞）和大群体（大于 10 个细胞）细胞密度存在显著的不同［图4-18（A）、（B）］。实验第 6～12 天，水华微囊藻 1028对照组和实验组单位大群体细胞数量存在显著差异（$P<0.05$），而在实验第 0～4天，水华微囊藻 1028 对照组和实验组单位大群体细胞数量不存在显著差异（表4-6，图4-19）。虽然在角突网纹溞的牧食压力惠氏微囊藻929、铜绿微囊藻469 和铜绿微囊藻 905 未形成大群体，但水华微囊藻 1028 可以形成更大的群体。不仅角突网纹溞牧食可以诱发水华微囊藻形成群体，多刺裸腹溞（*Moina macrocopa*）、大型溞（*Daphnia magna*）和蚤状溞（*D. pulex*）牧食也可以诱发 4 种株系的铜绿微囊藻形成群体（Jang et al.，2003）。

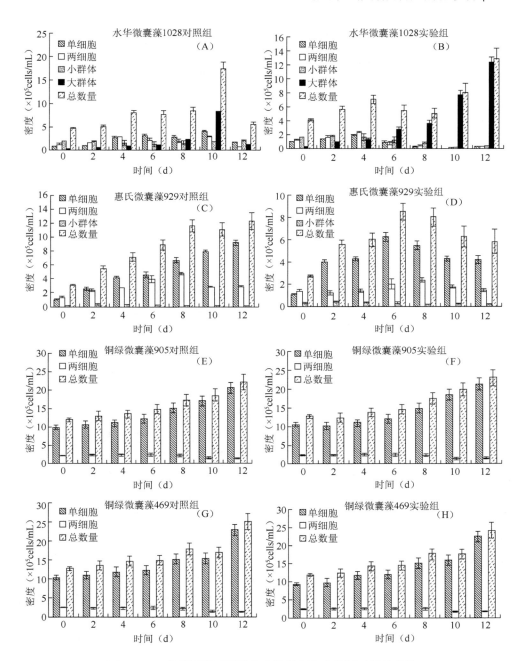

图 4-18　3 种微囊藻对照组和实验组细胞密度随时间的变化

小群体：3～10 个细胞；大群体：大于 10 个细胞

（引自杨桂军等，2009）

表 4-6　在 12d 的实验中对水华微囊藻 1028 对照组和实验组单位群体细胞数
在不同时间内的 t 检验结果（杨桂军等，2009）

种类	0～4d		6～12d		0～12d	
	t	P	t	P	t	P
水华微囊藻 1028	−0.318	0.752	−2.988	0.005	−2.657	0.010

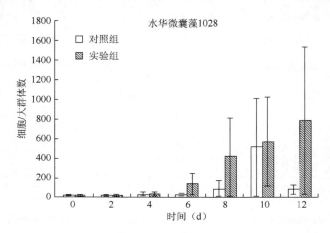

图 4-19　水华微囊藻 1028 对照组和实验组单位群体细胞数随时间的变化

大群体：大于 10 个细胞

（杨桂军等，2009）

周健等（2013）为探讨后生浮游动物摄食在太湖夏季微囊藻水华形成中的作用，取太湖梅梁湾湖水开展了后生浮游动物摄食对微囊藻水华形成作用的野外模拟实验。实验期间，未过滤掉后生浮游动物的对照组出现了漂浮在水面、肉眼可见的微囊藻水华，而过滤掉后生浮游动物的实验组没有出现微囊藻水华。分析其原因可能是实验组中逐渐出现的后生浮游动物主要是以摄食小型个体藻类的小型轮虫为主，其摄食率较低，因此有利于可食性绿藻的生长及优势度的扩大。对照组在实验后期出现了大型的枝角类和桡足类，且生物多样性较高，可以有效地摄食多种个体较大的藻类，但无法摄食物理形态较大的微囊藻群体，从而间接地提升了微囊藻群体的种群竞争力，进一步促进微囊藻群体形态的扩大，直至成为漂浮在水面的肉眼可见的"藻华"。因此，后生浮游动物，尤其是大型浮游动物，不但不能通过摄食来控制微囊藻群体的形成，反而可能因其选择性摄食方式而促进微囊藻群体的扩大及种群竞争力的提高。

二、诱发微囊藻群体形成的方式

目前，有关微囊藻群体形成的方式总体上有三种观点：①业已存在的单细胞微囊藻通过多次分裂增殖聚集形成单克隆微囊藻群体（Trainor et al.，1976），该单克隆微囊藻群体一般在细胞排列上较为规则、整齐、稳定；②对于业已存在的单细胞个体，藻细胞胞外多糖的黏着作用将若干个单细胞互相黏着在一起，进而形成几十个细胞、有时候甚至几百个细胞的微囊藻大群体（Lurling and van Donk，1997），以此种方式集结形成的群体，其细胞排列不规则，通常松散无序；③在业已存在的单细胞微囊藻分裂增殖聚集形成单克隆微囊藻群体的基础上，在包括浮游动物所释放的信息化学物质等环境因素的刺激下，再与其他单细胞或单克隆群体集结则形成包含若干亚单位的大型微囊藻群体（Lurling and van Donk，1997）。因此，微囊藻群体的形成应该具有种属特征，且同时受环境因素影响和驱动。

　　除微囊藻群体形成具有种属特异性外，不同藻类群体的形成方式亦不同。在用浮游动物滤液和栅藻共培养的实验中发现，实验形成的群体中的栅藻个体细胞都是规则排列的，所以推测栅藻群体就是细胞增殖过程中子母细胞未发生完全分裂而形成的（Lampert et al.，1994）。Burkert 等（2001）的实验中偶然得到的铜绿微囊藻群体中细胞排列不规则，可能是单个微囊藻个体相互聚合的结果。Jang 等（2003）的研究结果也表明，由浮游动物捕食等因素诱发形成的铜绿微囊藻群体内的细胞大都呈随机不规则排列，因此是单细胞随机聚合而成的可能性更大。但是也有学者持相反观点。Yang 和 Kong（2012）认为微囊藻群体的形成主要是细胞分裂过程中子细胞不断聚集在母细胞周围。

三、诱发微囊藻群体形成的机制

　　研究表明，当生境中有较少浮游动物时，微囊藻所面临的捕食压力较小，存在形式以单细胞为主。相对于群体这一存在单位，单细胞具有更大的相对表面积，有利于光照、营养等资源的吸收。但是，当浮游动物数量较多、捕食压力相对较强的时候，微囊藻会以集结状的多细胞形态存在，阻碍了浮游动物的牧食，增大了存活概率。这种在浮游动物牧食压力增强的情况下形成群体的策略被定义为诱发性的防御策略（Bolch and Blachburn，1996；Trainor et al.，1971）。这种诱发性的防御，相对于固定防御而言，具有更明显的益处，即不需要付出很大代价来维持这种防御，只是在需要时才被诱发出来发挥作用，所以诱发性的防御策略是一种更为高级的防御形式（Schlichting，1989；Clark and Harvell，1992）。

　　面对牧食压力时，微囊藻能够形成群体进行有效的防御，而形成群体的直接诱导刺激物是什么？这个问题是解释微囊藻群体形成机制的关键所在。现在在一些藻类的群体诱发形成实验中，研究者普遍认为群体形成现象依赖于牧食性浮游动物释放的信息化学物质（Boraas et al.，1998；Yasumoto et al.，2000）。例如，目前普遍认同牧食性浮游动物在摄食消化过程中释放的信息化学物质——利他素可以诱发栅藻形成群体（杨州和孔繁翔，2005）。但是对于微囊藻来说，情况似乎要复杂得多。

　　在 Burkert 等（2001）的研究中，无论在透析试验还是接触试验中微囊藻都没有形成多细胞群体，而只是在透析膜破裂的偶然事故中才出现了单细胞聚合形成的群体。基于这个试验结果，对群体形成现象很难作出合理的解释。但是，在 Jang 等（2003）的研究中，不仅多刺裸腹溞（*M. macrocopa*）、大型溞（*D. magna*）和蚤状溞（*D. pulex*）3 种浮游动物直接作用于铜绿微囊藻诱发了群体形成，并且浮游动物培养滤液间接作用于铜绿微囊藻时，也诱发了群体形成。将浮游动物培养滤液添加到藻类培养液中，用来检查藻类是否会对浮游动物释放到培养液中的信息化学物质产生有效反应，这对于研究水生生态系统中物种之间的信息传递来说是一种行之有效而且简化的方法，这种间接接触试验相对于直接把浮游动物加入藻类中的方法，避免了两个物种种群因直接的牧食作用均呈现剧烈的动态变化而可能导致的不确定性及难以定量。与 Jang 等（2003）的研究结果相同，Ha 等（2004）研究同样发现大型溞培养滤液能够促进铜绿微囊藻群体形成，并且还发现随着培养滤液添加量的增加，促群体形成效果越明显。以上枝角类培养滤液诱发铜绿微囊藻群体形成的成功，说明这些枝角类释放了能诱发群体形成的信息化学物质。

　　研究表明，浮游动物诱发微囊藻群体形成所释放的信息化学物质还表现出明显的浓度依赖性。Yang 等（2005）将太湖浮游动物高峰期的湖水滤液添加至纯培养的铜绿微囊藻中，很快诱发了微囊藻细胞集结形成几十个至数百个细胞的群体，而浮游动物含量很少的湖水处理组则无法诱发微囊藻群体的形成。在随后角突网纹溞（*Ceriodaphnia cornuta*）诱发铜绿微囊藻群体形成的试验中发现，尽管角突网纹溞可以提高培养液中微囊藻细胞的数目及两细胞比例，但不能有效诱发微囊藻群体的形成（杨州等，2007），可见浮游动物诱发微囊藻细胞集结群体形态的作用具有明显的种属特异性。更为有趣的是，虽然角突网纹溞培养滤液中不含有促进铜绿微囊藻群体形成的化学物质，但含有能诱发栅藻形成群体的信息化学物质。

第三节　微囊藻毒素在微囊藻群体形成中的作用机制

　　自然水体中微囊藻种群同时含有产毒和非产毒微囊藻基因型，产毒微囊藻是一类基因组中含肽合成酶复合体（*mcy*）基因簇且能合成 MC 的微囊藻，它与非产毒微囊藻共存于铜绿微囊藻（*M. aeruginosa*）、鱼害微囊藻（*M. ichthyoblabe*）及挪氏微囊藻（*M. novacekii*）等传统表型分类的微囊藻群体中。产毒微囊藻所产 MC 包含近百种异构体（图 4-20），其中最为常见且毒性相对较强的是 MC-LR、MC-RR 和 MC-YR（L、R、Y 分别代表亮氨酸、精氨酸和酪氨酸）（Zurawell et al., 2005）。研究表明，相对于非产毒微囊藻，产毒微囊藻对光限制及高温等环境胁迫具有更强的逆境适应能力（Briand et al.，2008；Davis et al.，2009）。

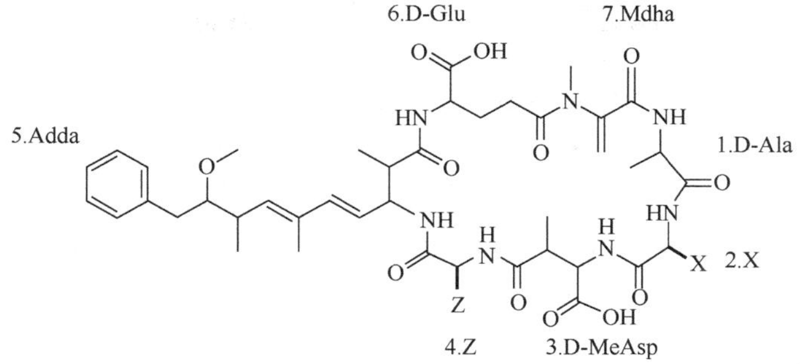

图 4-20 MC 的化学结构

MC 一般化学结构为环（D-Ala-X-D-MeAsp/D-Asp-Z-Adda-D-Glu-Mdha）。分子结构 1 位上是 D-丙氨酸（D-Ala）；2、4 位上的 X 和 Z 分别代表不同的氨基酸；3 位上是 D-赤-β-甲基天冬氨酸（D-MeAsp）；5 位上是(2S,3S,8S,9S)-3-氨基-9-甲氧基-2,6,8-三甲基-10-苯基-4,6-二烯酸(Adda)；6 位上是 D-谷氨酸(D-Glu)；7 位上是 N-甲基脱氢丙氨酸(Mdha)（引自 Zurawell et al.，2005）

产毒微囊藻正常生长过程中，MC 主要贮存于藻细胞内，藻细胞死亡后胞内毒素就会释放至水柱中。研究已经证实产毒微囊藻产生的微囊藻毒素为具有重要功能的细胞内化合物。目前，对微囊藻毒素生物学功能的认识主要包括以下 3 个方面：①微囊藻毒素作为化感物质抵御外界侵扰；②微囊藻毒素参与光合作用；③微囊藻毒素可能对微囊藻的越冬或复苏起到一定的作用（甘南琴等，2017）。除以上生物学功能外，微囊藻毒素还可能参与微囊藻群体的形成及维持过程。

Jungmann 等（2015）在研究自然水体环境因子对微囊藻毒素合成的影响时发现，常规的多个理化因子与微囊藻毒素浓度无显著相关性；但发现群体越大，毒素含量越高，这是有关自然水华微囊藻群体与毒素相关性的首次报道。Kurmayer等（2013）对野外不同大小的微囊藻群体内细胞数量、产毒微囊藻所占的比例及单位细胞产毒量进行分析后发现：最小尺寸（<50μm）的微囊藻群体内产毒微囊藻所占比例最低，不产毒微囊藻所占比例最高，并且单位微囊藻细胞产毒量最少。而随着微囊藻群体尺寸增大，产毒微囊藻所占比例逐渐增大，不产毒微囊藻所占比例逐渐下降，并且单位微囊藻细胞产毒量随之升高。Wang 等（2013）在太湖微囊藻水华期间也得到了相似的结论：群体内单位微囊藻细胞产毒量与群体大小呈正相关关系。遗憾的是，以上研究所获得的单位细胞产毒量均是以微囊藻群体全部细胞为基础来计的。由于微囊藻群体中存在大量的非产毒藻株，以全部细胞来计产毒量不能真实反映出产毒微囊藻的产毒能力。因此，以上研究虽然都获知微囊藻群体与单位细胞产毒能力间具有相关性，但无法从本质上说明产毒微囊藻和微囊藻毒素在群体形成中的作用。

在以上研究的基础上，毕相东率领研究团队采用荧光定量 PCR 技术研究了自然水体（海河）中不同时空条件下不同尺寸产毒微囊藻丰度、所占比例与微囊藻群体形态大小之间的关联性，并通过高效液相色谱技术、苯酚-硫酸法分析了不同大小微囊藻群体中单位产毒微囊藻细胞的产毒量，以阐明产毒微囊藻及微囊藻毒素在微囊藻群体形成中的作用机制。该试验在海河干流市区段共设置 5 个采样点，分别为金刚桥（JG，39°15′52.67″N，117°19′82.22″E）、光华桥（GH，39°10′53.62″N，117°24′70.73″E）、外环桥（WH，39°07′66.31″N，117°32′33.25″E）、西减河闸（XJ，39°06′07.48″N，117°38′78.73″E）及二道闸（ED，39°02′74.98″N，117°46′84.52″E）（图 4-21）。采样时间分别为 7 月 26 日、8 月 20 日、9 月 12 日及 10 月 4 日。

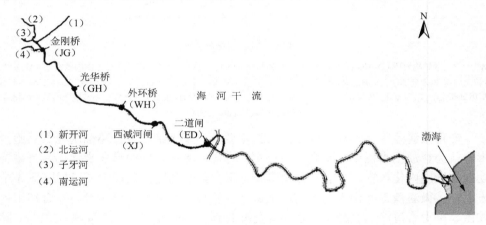

图 4-21　本项目研究采样点示意图

（引自 Bi et al.，2017）

将采集的水华水样依次滤过 140 目筛绢（直径 90μm）、300 目筛绢（直径 20μm）、400 目筛绢（直径 8μm）及 500 目筛绢（直径 4.5μm）后获取超大群体、大群体、中群体、小群体或单细胞/双细胞 4 种尺寸的蓝藻水华群体样品。对群体细胞数量分析后发现，达到或超过大群体（即直径为 20～90μm 或＞90μm 的微囊藻群体）的微囊藻细胞占据微囊藻细胞总数的绝大多数，直径为 8～20μm 的微囊藻群体占据微囊藻细胞总数的比例相对较低，而直径＜8μm 的微囊藻群体细胞总数所占比例则更低（图 4-22）。

基于 *mcyA* 基因拷贝数与 PC-IGS 基因拷贝数的占比，对微囊藻群体中产毒微囊藻种群丰度比例的动态变化进行分析发现，微囊藻大群体及微囊藻超大群体占有相对较高的产毒微囊藻种群丰度比例，其中 7 月时微囊藻大群体的产毒微囊藻种群丰度占比最高，而 8～10 月则以微囊藻超大群体的产毒微囊藻种群丰度占比最高（图 4-23）。

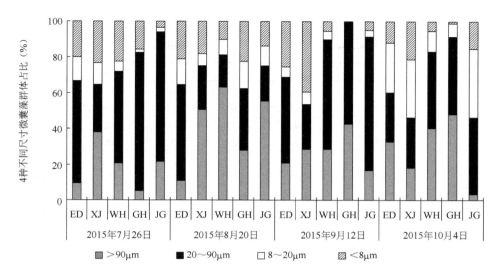

图 4-22　蓝藻暴发期海河干流不同尺寸微囊藻群体细胞数目占微囊藻总体数量的比例变化

（引自 Bi et al.，2017）

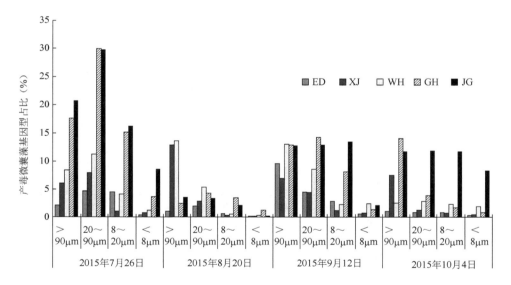

图 4-23　不同站位不同尺寸群体中产毒微囊藻种群丰度比例的动态变化

（引自 Bi et al.，2017）

由表 4-7～表 4-9 可见，产毒微囊藻细胞的 MC-RR、MC-YR 及两者总产量呈现相同的变化趋势，即随着微囊藻群体尺寸的增加，单位数量产毒微囊藻的产毒量逐渐下降。所有样品单位数量产毒微囊藻的最高产毒量均出现在尺寸低于 8μm 微囊藻群体中。

表 4-7　海河干流不同站位不同尺寸的微囊藻群体产毒微囊藻毒素（MC-RR）
产量的动态变化（单位：$\mu g/10^8 copies$）（Bi et al.，2017）

日期	群体类型	ED	XJ	WH	GH	JG
7 月 26 日	超大群体	1.44	1.09	1.02	4.95	22.17
	大群体	2.85	2.89	1.50	53.46	63.14
	中群体	10.49	19.76	3.60	132.89	113.67
	小群体	31.41	32.32	23.75	141.06	146.05
8 月 14 日	超大群体	19.05	4.77	1.55	0.04	38.29
	大群体	34.55	25.47	5.25	14.47	56.15
	中群体	69.04	98.39	59.06	20.04	114.02
	小群体	163.66	186.37	138.23	28.15	136.86
9 月 12 日	超大群体	0.04	6.20	3.10	28.84	9.96
	大群体	9.44	14.97	4.85	21.04	11.71
	中群体	56.60	48.47	31.42	125.27	86.25
	小群体	90.13	114.14	66.15	171.13	93.01
10 月 4 日	超大群体	0.04	0.04	25.58	7.43	38.54
	大群体	10.43	14.66	45.24	20.67	86.27
	中群体	32.87	22.75	62.25	39.24	116.21
	小群体	71.52	44.23	93.62	71.69	167.89

表 4-8　海河干流不同站位不同尺寸的微囊藻群体产毒微囊藻毒素（MC-YR）
产量的动态变化（单位：$\mu g/10^8 copies$）（Bi et al.，2017）

日期	群体类型	ED	XJ	WH	GH	JG
7 月 26 日	超大群体	5.33	3.64	8.46	1.27	33.05
	大群体	8.40	9.32	9.40	6.20	59.04
	中群体	29.59	51.58	14.56	32.34	152.19
	小群体	60.60	91.53	78.73	97.39	167.75
8 月 14 日	超大群体	1.27	2.95	2.89	1.89	1.27
	大群体	1.27	20.54	12.32	6.63	12.41
	中群体	1.89	131.46	80.40	7.20	21.62
	小群体	4.97	178.92	115.99	8.52	39.71
9 月 12 日	超大群体	10.84	7.69	5.12	1.89	2.03
	大群体	11.53	7.78	4.69	6.87	4.77
	中群体	23.01	19.08	18.14	8.52	12.32
	小群体	66.22	69.96	38.57	11.26	29.59
10 月 4 日	超大群体	9.50	1.27	1.89	2.89	1.27
	大群体	27.94	24.07	5.06	2.47	6.87
	中群体	47.05	35.68	21.67	16.37	11.53
	小群体	96.53	88.96	62.21	29.64	14.56

表 4-9　海河干流不同站位不同尺寸的微囊藻群体产毒微囊藻毒素（MC-YR+ MC-RR）
产量的动态变化（单位：μg/10^{8}copies）（Bi et al.，2017）

日期	群体类型	ED	XJ	WH	GH	JG
7 月 26 日	超大群体	6.77	4.73	9.48	6.22	55.22
	大群体	11.25	12.21	10.9	59.66	122.18
	中群体	40.08	71.34	18.16	165.23	265.86
	小群体	92.01	123.85	102.48	238.45	313.8
8 月 14 日	超大群体	20.32	7.72	4.44	1.93	39.56
	大群体	35.82	46.01	17.57	21.1	68.56
	中群体	70.93	229.85	139.46	27.24	135.64
	小群体	168.63	365.29	254.22	36.67	176.57
9 月 12 日	超大群体	10.88	13.89	8.22	30.73	11.99
	大群体	20.97	22.75	9.54	27.91	16.48
	中群体	79.61	67.55	49.56	133.79	98.57
	小群体	156.35	184.1	104.72	182.39	122.6
10 月 4 日	超大群体	9.54	1.31	27.47	10.32	39.81
	大群体	38.37	38.73	50.3	23.14	93.14
	中群体	79.92	58.43	83.92	55.61	127.74
	小群体	168.05	133.19	155.83	101.33	182.45

　　单位数量产毒微囊藻毒素产量与不同尺寸群体细胞数量占比间相关性、单
位数量产毒微囊藻毒素产量与产毒微囊藻数量占比间相关性、产毒微囊藻丰度
占比与不同尺寸群体细胞数量占比间相关性分析结果分别见表 4-10～表 4-12。
由表 4-10 可见，除西减河闸位点在 9 月 12 日和 10 月 4 日单位数量产毒微囊藻毒
素产量与不同尺寸群体细胞数量占比呈现正相关性外，两者的数值在其余所有位
点的不同时间均呈现一定的负相关关系，表明微囊藻群体尺寸越大则产毒微囊藻
的产毒能力越低。由表 4-11 可见，除 8 月 14 日在光华桥位点外，其余所有样品的
单位数量产毒微囊藻毒素产量与产毒微囊藻数量占比呈现较大的负相关关系，且
数值均在-0.6 以下，表明两者之间存在明显的负相关关系。由表 4-12 可见，微囊
藻群体越大相对产毒微囊藻的数量越多，大体呈现显著的正相关关系。上述各相
关性分析表明，单细胞或小群体微囊藻细胞通过加快产毒促进微囊藻群体的形成，
而当微囊藻大群体形成后微囊藻细胞所处环境相对稳定，则产毒量相应地降低。

表 4-10　单位数量产毒微囊藻毒素产量与不同尺寸群体
细胞数量占比间的关系（Bi et al.，2017）

采样时间	采样地点				
	ED	XJ	WH	GH	JG
7 月 26 日	−0.2618	−0.5957	−0.1357	−0.2806	−0.6018

续表

采样时间	采样地点				
	ED	XJ	WH	GH	JG
8 月 14 日	−0.1707	−0.7017	−0.6710	−0.4455	−0.7826
9 月 12 日	−0.2997	0.4507	−0.7405	−0.9498	−0.6831
10 月 4 日	−0.9565	0.0504	−0.8876	−0.9313	−0.2191

表 4-11　单位数量产毒微囊藻毒素产量与产毒微囊藻
数量占比间的关系（Bi et al., 2017）

采样时间	采样地点				
	ED	XJ	WH	GH	JG
7 月 26 日	−0.6187	−0.9047	−0.7932	−0.7442	−0.7659
8 月 14 日	−0.7647	−0.7547	−0.8001	−0.2453	−0.9597
9 月 12 日	−0.7344	−0.8057	−0.8117	−0.9701	−0.6632
10 月 4 日	−0.7139	−0.7484	−0.879	−0.7521	−0.7733

表 4-12　产毒微囊藻丰度占比与不同尺寸群体
细胞数量占比间的关系（Bi et al., 2017）

采样时间	采样地点				
	ED	XJ	WH	GH	JG
7 月 26 日	−0.6187	0.6353	0.6936	0.7364	0.9121
8 月 14 日	0.7524	0.9612	0.9758	0.3076	0.6302
9 月 12 日	−0.282	0.1168	0.6270	0.8770	0.3938
10 月 4 日	0.8762	−0.6703	0.9286	0.7759	0.4000

　　不仅野外试验证实产毒微囊藻产生的微囊藻毒素在群体形成中发挥着重要作用，而且有学者通过室内试验得到了相同的结论。Gan 等（2012）选用 5 种群体微囊藻（*M. wesenbergii* DC-M1，200～300μm；*M. ichthyoblabe* TH-M1，<150μm；*Microcystis* sp. FACHB1027，<150μm；*M. flos-aquae* FACHB1174，>500μm；*M. aeruginosa* TH-M2，>500μm）在培养基中添加环境剂量微囊藻毒素（0.25～10μg/L）培养 15d，每 3d 取样观察微囊藻群体大小变化，结果发现微囊藻群体尺寸显著增大 2～3 倍。采用透析方法降解微囊藻释放到胞外的毒素，即将降解微囊藻毒素的细菌装入透析袋后放入微囊藻培养瓶，并以非降解微囊藻毒素的细菌作为对照，发现释放到胞外的毒素被降解后，微囊藻群体显著减小约 50%。为了进一步证实微囊藻毒素在群体改变及维持中的作用，又以产毒微囊藻的培养液培养非产毒微囊藻群体，发现非产毒微囊藻群体尺寸亦明显增大。以上发现说明释放到胞外的微囊藻毒素在微囊藻群体形成中发挥着重要作用。

　　关于微囊藻毒素在微囊藻群体形成中的作用机制研究也已取得一定进展。Kehr 等（2006）研究发现微囊藻毒素可能参与胞内信号传递与基因调控。以色列研究小组发现正在分解的微囊藻细胞释放的微囊藻毒素或可作为微囊藻群落的信息化学物质（infochemical），增强细胞的聚集，改进其他存活细胞的适应性（Straub et al.，2011）。Gan 等（2012）对低剂量微囊藻毒素暴露下微囊藻群体胞外多糖的含量进行检测后发现，胞外多糖含量迅速增加，但生长速率无明显变化，并且微囊藻毒素激活了与多糖合成相关的部分基因（*capD*、*csaB*、*tagH* 和 *epsL*）的表达（图 4-24）。该组研究人员认为，产毒微囊藻细胞在生长过程中释放到胞外的微囊藻毒素（MC）具有信号物质的功能，它可通过激活产毒及非产毒微囊藻细胞中部分与多糖合成相关基因的表达，诱导一系列胞外多糖产物的释放，进而促进微囊藻群体的聚集。

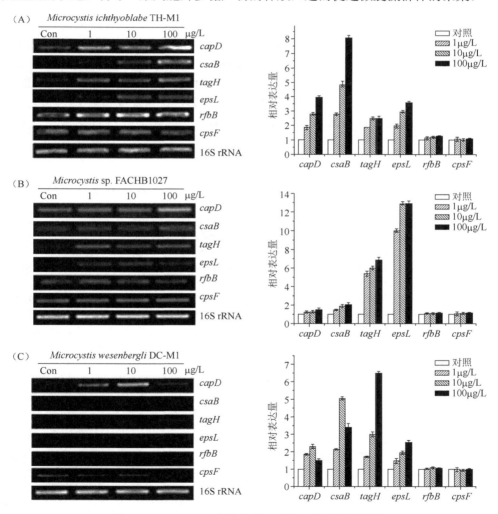

图 4-24　MC-LR 对多糖合成相关的部分基因的诱导

总 RNA 提取自（A）*M. ichthyoblabe* TH-M1、（B）*Microcystis* sp. FACHB1027 和（C）*M. wesenbergii* DC-M1

（引自 Gan et al.，2012）

第四节　问题及展望

　　微囊藻水华是我国尤为常见的蓝藻水华种类之一，其暴发机理至今仍不十分清晰。微囊藻群体是微囊藻水华暴发过程中微囊藻的主要形态类型，且相对于单细胞，微囊藻群体具有多方面的种群竞争优势。尽管国内外已经开展了很多微囊藻群体形成机制的研究，并取得一定的进展，但仍有很多问题需要明确，如浮游动物诱发微囊藻群体形成的种属特异性；微囊藻毒素是如何介导微囊藻群体的形成及形态维持的；重金属离子在微囊藻群体早期形成中的作用机制；自然水体中浮游动物、微囊藻毒素及金属离子等关键因素如何协同作用促进微囊藻群体的形成及维持其形态等。我们推测微囊藻群体的形成可能是在富营养条件下微囊藻细胞快速增殖的基础上，浮游动物的牧食压力、微囊藻毒素及金属离子等环境因素协同作用下联合驱动的结果（毕相东等，2014）。

参 考 文 献

毕相东. 2016. 产毒微囊藻在微囊藻群体形成中的作用机制. 天津: 南开大学博士后出站报告.

毕相东, 戴伟, 张树林, 等. 2014. 微囊藻群体的竞争优势及其形成机制的研究进展. 环境科学与技术, 37(7): 41-44.

池俏俏, 朱广伟. 2005. 太湖梅梁湾水体悬浮颗粒物中重金属的含量. 环境化学, 24(5): 582-585.

董静, 李根保. 2016. 微囊藻群体形成影响因子及机理. 水生生物学报, 40(2): 378-387.

甘南琴, 魏念, 宋立荣. 2017. 微囊藻毒素生物学功能研究进展. 湖泊科学, 29(1): 1-8.

郭丽丽, 朱伟, 李明. 2013. 水中主要阳离子对铜绿微囊藻生长及多糖的影响. 生态环境学报, 22(8): 1358-1364.

姜闻新, 贾永, 王从彦, 等. 2010.Pb^{2+}和 Ni^{2+}对铜绿微囊藻生长的影响以及铜绿微囊藻对这两种重金属离子的吸附作用. 环境化学, 29(3): 551-552.

李杰, 彭福利, 丁栋博, 等. 2011. 湘江藻类水华结构特征及对重金属的积累. 中国科学(生命科学), 41(8): 669-677.

苏传东. 2005. 蓝杆藻 113 菌株(Cyanothece sp. 113)胞外多糖的研究. 青岛: 中国海洋大学博士学位论文.

苏春利, 王焰新. 2008. 墨水湖上覆水与沉积物间隙水中重金属的分布特征. 长江流域资源与环境, 17(2): 285-290.

苏彦平, 杨健, 陈修报, 等. 2010. 太湖水华蓝藻中元素的组成及其环境意义. 生态与农村环境学报, 26(6): 558-563.

肖艳, 甘南琴, 郑凌凌. 2014. 光强对微囊藻群体形态的影响及其生理机制研究.水生生物学报, 38(1): 35-42.

许慧萍, 杨桂军, 周健, 等. 2014. 氮、磷浓度对太湖水华微囊藻(Microcystis flos-aquae)群体生长的影响. 湖泊科学, 26(2): 213-220.

薛传东, 刘星, 亓春英, 等. 2007. 滇池近代沉积物的元素地球化学特征及其环境意义. 岩石矿物学杂志, 26(6): 582-590.

阳振. 2010. 微囊藻群体形成的驱动因子研究. 南京: 中国科学院南京地理与湖泊研究所博士学位论文.

杨芳, 陈小敏, 涂芳, 等. 2007. 高强度 Te(IV)胁迫对极大螺旋藻生理生化性质的影响. 海洋环境科学, 26(2): 142-146.

杨桂军, 秦柏强, 高光, 等. 2009. 角突网纹溞在太湖微囊藻群体形成中的作用. 湖泊科学, 21(4): 495-501.

杨州, 孔繁翔. 2005. 浮游动物诱发藻类群体的形成. 生态学报, 25(8): 2083-2089.

杨州, 孔繁翔, 史小丽. 2007. 角突网纹溞培养滤液对铜绿微囊藻和栅藻形态及生长率的影响. 水生生物学报, 31(2): 282-285.

杨州, 孔繁翔, 史小丽, 等. 2008. 棕鞭毛虫牧食作用对铜绿微囊藻形态和生理特性的影响. 湖泊科学, 20(4): 403-408.

袁和忠, 沈吉, 刘恩峰. 2011. 太湖重金属和营养盐污染特征分析. 环境科学, 32(3): 649-657.

张艳晴, 杨桂军, 秦伯强, 等. 2014. 光照强度对水华微囊藻(*Microcystis flos-aquae*)群体大小增长的影响. 湖泊科学, 26(4): 559-566.

周健, 杨桂军, 秦伯强, 等. 2013. 后生浮游动物摄食对太湖夏季微囊藻水华形成的作用. 湖泊科学, 25(3): 398-405.

Bi X D, Dai W, Zhang S L, et al. 2015. Accumulation and distribution characteristics of heavy metals in different size *Microcystis* colonies from natural waters. Fresenius Environmental Bulletin, 24(3): 773-779.

Bi X D, Dai W, Zhang S L, et al. 2017. Effects of toxic *Microcystis* genotypes in natural colony formation and mechanism involved. Water Science and Technology, doi:10.2166/wst.2017.257.

Bi X D,Yan R, Li F, et al. 2016. Sequestration and distribution characteristics of Cd(II) by *Microcystis aeruginosa* and its role in colony formation. Biomed Research International, (3) : 9837598

Bi X D, Zhang S L, Dai W, et al. 2013. Effects of lead(II) on the extracellular polysaccharide (EPS) production and colony formation of cultured *Microcystis aeruginosa*. Water Science and Technology, 67(4): 803-809.

Boersma M, Vijverberg J. 1995. Possible toxic effects on daphnia resulting from the greenalga *Scenedesmus obliqueus*. Hydrobiologia, 294: 99-103.

Bolch C J S, Blachburn S I. 1996. Isolation and purification of Australian isolates of the toxic cyanobacterium *Microcystis aeruginosa* Kutz. Journal of Applied Phycology, 8: 5-13.

Boraas M E, Seale D B, Boxhorn J E. 1998. Phagotrophy by a flagellate selects for colonial prey: a possible origin of multicellularity. Evolutionary Ecology, 12(2): 153-164.

Briand E, Yéprémian C, Humbert J F, et al. 2008. Competition between microcystin- and non-microcystin-producing *Planktothrix agardhii* (cyanobacteria) strains under different environmental conditions. Environmental Microbiology, 10(12): 3337-3348.

Burkert U, Hyenstrand P, Drakare S, et al. 2001. Effects of the mixotrophic flagellate *Ochromonas* sp. on colony formation in *Microcystis aeruginosa*. Aquatic Ecology, 35: 9-17.

Clark C W, Harvell C D. 1992. Inducible defenses and the allocation of resources: a minimal model. American Naturalist, 139: 521-539.

Davis T W, Berry D L, Boyer G L, et al. 2009. The effects of temperature and nutrients on the growth and dynamics of toxic and non-toxic strains of *Microcystis* during cyanobacteria blooms. Harmful Algae, 8(5): 715-725.

de Philippis R, Vincenzini M. 1998. Exocellular polysaccharides from cyanobacteria and their possible applications. FEMS Microbiology Reviews, 22(3): 151-175.

Demirel S, Ustun B, Aslim B, et al. 2009. Toxicity and uptake of iron ions by *Synechocystis* sp. E35 isolated from Kucukcekmece Lagoon, Istanbul. Journal of Hazardous Materials, 171: 710-716.

Gan N Q, Xiao Y, Zhu L, et al., 2012. The role of microcystins in maintaining colonies of bloom-forming *Microcystis* spp. Environmental Microbiology, 14(3): 730-742.

Ha K, Jang M H, Takamura N. 2004. Colony formation in planktonic algae induced by zooplankton culture media filtrate. Journal of Freshwater Ecology, 19(1): 9-16.

Hadjoudja S, Deluchat V, Bauda M. 2010. Cell surface characterisation of *Microcystis aeruginosa* and *Chlorella vulgaris*. Journal of Colloid and Interface Science, 342(2): 293-299.

Horn W. 1981. Phytoplankt on losses due to zooplankt on grazing in a drinking water reservoir. International Review of Hydrobiology, 66: 787-810.

Jang M H, Ha K, Joo G J, et al. 2003. Toxin production of cyanobacteria is increased by exposure to zooplankton. Freshwater Biology, 48: 1540-1550.

Je C H, Hayes D F, Kim K S. 2007. Simulation of resuspended sediments resulting from dredging operations by a numerical flocculent transport model. Chemosphere, 70(2): 187-195.

Jungmann D, Ludwichowski K U, Faltin V, et al. 2015. A field study to investigate environmental factors that could effect microcystin synthesis of a *Microcystis* population in the Bautzen reservoir. International Review of Hydrobiology, 81 (4) : 493-501.

Kehr J, Zilliges Y, Springer A, et al. 2006. A mannan binding lectin is involved in cell-cell attachment in a toxic strain of *Microcystis aeruginosa*. Molecular Microbiology, 59(3): 893-906.

Kurmayer R, Christiansen G, Chorus I. 2003. The abundance of microcystin-producing genotypes correlates positively with colony size in *Microcystis* sp. and determines its microcystin net production in Lake Wannsee. Applied and Environmental Microbiology, 69(2): 787-795.

Lampert W, Rothhaupt K O, von Elert E. 1994. Chemical induction of colony formation in a green alga (*Scenedesmus acutus*) by grazers (daphnia). Limnology and Oceanography, 39(7): 1543-1550.

Lau T C, Ang P O, Wong P K. 2003. Development of seaweed biomass as a biosorbent for metal ions. Water Science and Technology, 47(10): 49-54.

Li M, Zhu W, Gao L, et al. 2013. Changes in extracellular polysaccharide content and morphology of *Microcystis aeruginosa* at different specific growth rates. Journal of Applied Phycology, 25(4): 1023-1030.

Lurling M, Beekman W. 1999. Grazer-induced defenses in *Scenedesmus* (Chlorococcales; Chlorophyceae): coenobium and spine formation. Phycologia, 38(5): 368-376.

Lurling M, van Donk E. 1997. Morphological changes in *Scenedesmus* induced by infochemicals released *in situ* from zooplankt on grazers. Limnology and Oceanography, 42(4): 783-788.

Otero A, Vincenzini M. 2003. Extracellular polysaccharide synthesis by *Nostoc* strains as affected by N source and light intensity. Journal of Biotechnology, 102(2): 143-152.

Otten J H, Willemse M T M. 1988. First steps to periphyton. Archivfur Hydrobiologie, 112: 177-195.

Ozturk S, Aslim B, Suludere Z. 2010. Cadmium(II) sequestration characteristics by two isolates of *Synechocystis* sp. in terms of exopolysaccharide(EPS) production and monomer composition. Bioresource Technology, 101: 9742-9748.

Pereira S, Micheletti E, Zille A, et al. 2011. Using extracellular polymeric substances (EPS)-producing cyanobacteria for the bioremediation of heavy metals: do cations compete for the EPS functional groups and also accumulate inside the cell. Microbiology, 157(2): 451-458.

Raven J A. 1998. The twelfth Tansley Lecture. Small is beautiful: the picophy to plankton. Functional Ecology, 12: 503-513.

Schlichting C D. 1989. Phenotypic integration and environmental change. Bioscience, 39: 460-464.

Sharma M, Kaushik A, Somvir Bala K, et al. 2008. Sequestration of chromium by exopolysaccharides of *Nostoc* and *Gloeocapsa* from dilute aqueous solutions. Journal of Hazardous Materials, 157: 315-318.

Smith R E H, Kalff J. 1982. Size-dependent phosphorous uptake kinetics and cell quota in phytoplankton. Journal of Phycology, 18: 275-284.

Straub C, Quillardet P, Vergalli J, et al. 2011. A day in the life of *Microcystis aeruginosa* PCC7806 as revealed by a transcriptomic analysis. PLoS One, 6(1): e16208.

Trainor F R, Cain J, Shubert E. 1976. Morphology and nutrition of the colonial green alga *Scenedesmus*: 80 years later. Botanical Review, 42: 5-25.

Trainor F R, Egan P F. 1988. The role of bristles in the distribution of a *Scenedesmus* (Chlorophyceae). British Phycological Journal, 23: 135-141.

Trainor F R, Rowland H L, Lylis J C, et al. 1971. Some examples of polymorphism in algae. Phycologia, 10: 113-119.

van Donk E, Hessen D O. 1993. Grazing resistance in nutrient stressed phytoplankton. Oecologia, 93: 508-511.

van Donk E, Lurling M, Lampert W. 1999. Consumer-induced changes in phytoplankton: inducibility, costs, benefits and the impact on grazers. *In*: Harvell D, Tollrian R. Consequences of Inducible Defenses for Population Biology. Princeton: Princeton University Press.

Wang W, Liu Y, Zhou Y. 2010. Combined effects of nitrogen content in media and *Ochromonas* sp. grazing on colony formation of cultured *Microcystis aeruginosa*. Journal of Limnology, 69(2): 193-198.

Wang X Y, Sun M J, Xie M J, et al. 2013. Differences in microcystin production and genotype composition among *Microcystis* colonies of different sizes in Lake Taihu. Water Research, 47(15): 5659-5669.

Wetzel R G. 2001. Limnology Lake and River Ecosystems. 3rd ed. San Diego, San Francisco, New York: Academic Press: 274-288.

Xu H C, Lv H, Liu X, et al. 2016. Electrolyte cations binding with extracellular polymeric substances enhanced *Microcystis* aggregation: implication for microcystis bloom formation in eutrophic freshwater lakes. Environmental Science and Technology, 50: 9034-9043.

Yang H L, Cai Y F, Xia M, et al. 2011. Role of cell hydrophobicity on colony formation in *Microcystis* (Cyanobacteria). International Review of Hydrobiology, 96(2): 141-148.

Yang Z, Kong F X. 2012. Formation of large colonies:a defense mechanism of *Microcystis aeruginosa* under continuous grazing pressure by flagellate *Ochromonas* sp. Journal of Limnology, 71(1): 61-66

Yang Z, Kong F X, Shi X L. 2005. Effects of filtered lake water on colony formation and growth rate in *Microcystis aeruginosa* of different physiological phases. Freshwater Ecology, 20(3): 425-429.

Yang Z, Kong F X, Shi X L, et al. 2006. Morphological response of *Microcystis aeruginosa* to grazing by different sorts of zooplankton. Hydrobiologia, 563: 225-230.

Yang Z, Kong F X, Shi X L, et al. 2008. Changes in the morphology and polysaccharide content of *Microcystis aeruginosa*(cyanobacteria) during flagellate grazing. Journal of Phycology, 44(3): 716-720.

Yasumoto M, Ooi T, Takenori K, et al. 2000. Characterization of Daphniakai romone inducing morphological change of green alga *Actinastrum* sp. Tennen Yuki Kagobutsu Toronkai Keon Yoshishu, 42: 385-390.

Zhang M, Kong F X, Tan X, et al. 2007. Biochemical, morphological, and genetic variations in *Microcystis aeruginosa* due to colony disaggregation. World Journal of Microbiology & Biotechnology, 23(5): 663-670.

Zurawell R W, Chen H, Burke J M, et al. 2005. Hepatotoxic cyanobacteria: a review of the biological importance of microcystins in freshwater environments. Journal of Toxicology and Environmental Health B, Critical Reviews, 8(1): 1-37.

第五章　微囊藻群体的资源化利用

目前，湖泊、河流及水库等自然水体富营养化程度日益加剧，微囊藻水华的发生频率及严重程度都呈现增长的趋势。微囊藻水华暴发后，会消耗水中大量氧气，致使水体中溶解氧急剧下降或氨氮急剧升高，导致水体中水生生物大量死亡；水体往往会有强烈的异味，不仅破坏了水的感官性状，降低了水体的景观娱乐功能，同时还会降低饮用水的质量；微囊藻群体中的产毒微囊藻会在代谢过程中或藻体破裂后向水体释放微囊藻毒素，不仅会导致水生动物中毒，还会威胁人类的健康（Anderson，2009）。

目前，微囊藻水华治理已经成为一项重大水环境问题。虽然控制营养盐水平是解决富营养化水体微囊藻水华问题的根本途径，但降低营养盐负荷，无论是减少外源营养盐输入还是降低内源营养盐负荷，都将是一个长期的过程。富营养化水体营养盐将在相当长的一段时间支持水华微囊藻的生长，因此，目前除了对富营养化水体氮、磷等营养物质浓度进行控制外，还需要采用物理法、化学法及生物法对微囊藻水华进行防控。

化学方法即通过向水体中直接投加化学杀藻剂来杀灭微囊藻，虽然效果立竿见影，但是利用化学杀藻剂会给水体带入新的化学成分，会对水生生物造成危害，带来二次污染问题（汪小雄，2011）。生物方法主要包括微生物防治、水生植物抑制及放养食藻生物控制等，控藻效果虽然安全、有效，但花费时间较长，且就目前我国多数自然水体富营养化的现状而言，短时间内很难奏效（闫冉，2015）。物理方法主要是通过物理途径对水体中的微囊藻进行处理，除藻效果好，见效快，并且不会产生副作用和有毒物质。目前常用的物理方法包括物理打捞（沈银武等，2004；王惠和朱喜，2009）、黏土吸附（邹华等，2005）、紫外线照射（董金荣等，2003）、超声波处理（丁暘等，2009）、射线辐照（郑宾国等，2011）、遮光处理（张海春等，2009）、曝气混合处理（赵伟丽，2013）和电子灭藻法（吴星五等，2002；谌丽斌，2005）等。相较于其他物理方法，打捞仍是目前减小微囊藻水污染生态灾害和降低再次暴发强度的最直接有效的措施（朱喜，2009），不但可以降低藻类的密度，还可以带走氮、磷等营养物质，减轻水体富营养化的问题。

每年蓝藻水华暴发期，各富营养化程度较为严重的湖泊每天都有数以千吨的蓝藻被捞出（韩士群等，2009）。打捞出来的蓝藻，如果不妥善处理，将引发一系列环境问题。首先，长期堆积在岸边会占用大量土地。2007 年 5 月，仅无锡市一天打捞的蓝藻就超过 1000t，夏季蓝藻暴发期累计超过 18 万 t（王寿权，2008）。2008 年无锡市打捞蓝藻总量为 50 万 t。其次，微囊藻是蓝藻水华的主要优势种，因此打捞出的蓝藻还含有有毒物质——微囊藻毒素，还会产生多环芳烃等毒性物质，并伴随具有臭味的硫化氢、氨气等有害气体的释放（孙小静等，2007）。打捞的微囊藻可能会被雨水冲刷，渗入地下水，微囊藻毒素也可能进入地表径流，从而威胁到饮用水的安全。因此，如何资源化利用大规模被捞出的水华微囊藻已成为治理水体富营养污染时必须解决的问题。

微囊藻细胞内含有丰富的蛋白质、糖类、脂质和氮、磷、钾及色素，营养成分含量见表 5-1。微囊藻的氨基酸组分和含量表明，该藻含有 17 种可测氨基酸，其中有 7 种必需氨基酸（苏氨酸、缬氨酸、蛋氨酸、异亮氨酸、亮氨酸、苯丙氨酸和赖氨酸）及 2 种半必需氨基酸（组氨酸和精氨酸），占氨基酸总量的 22.52%（陈少莲等，1990）。

表 5-1　微囊藻的营养成分含量

营养成分	含量（%）
蛋白质	58.54（陈少莲等，1990）
脂肪	4.00（陈少莲等，1990）
碳水化合物	22.05（陈少莲等，1990）
灰分	15.41（陈少莲等，1990）
碳元素	41.13（曹静，2013）
氮元素	7.31（曹静，2013）

水华微囊藻含有丰富的营养成分，资源化利用前景广阔：利用微囊藻中含量丰富的有机质和氮、磷、钾制备微囊藻堆肥和微囊藻沼肥；利用微囊藻中含量丰富的蛋白质充当饲料原料；利用微囊藻的光合放氢等作为新型的生物能源；利用微囊藻中丰富的营养成分制作微生物培养原料；利用微囊藻细胞内活性物质等（胡碧洋等，2012；闫冉等，2015）。需要注意的是，资源化利用过程中需要考虑如何有效地去除水华微囊藻中具有肝毒性的微囊藻毒素以及在生长过程中富集于微囊藻胶鞘中的重金属离子。因此，必须对打捞来的微囊藻进行有效的前期处理，实现微囊藻的资源化、无害化。目前如何安全有效地资源化利用水华蓝藻已成为近些年来的研究热点。

第一节　制　备　堆　肥

作为水华蓝藻优势种，微囊藻中含有大量的有机质和植物生长必需的营养物质（如氮、磷）。因此，早些年国外有些地区直接将微囊藻作为肥料施用到田地里。

但是，微囊藻细胞内含有大量的微囊藻毒素和在生长过程中富集的重金属离子，不恰当的施肥方式会导致大量的微囊藻毒素和重金属残留在田地里，严重危害作物的生长和人类的健康。例如，将存在微囊藻毒素的土壤用于种植青菜，试验发现微囊藻毒素能明显抑制青菜的生长速度，并且青菜地上部分吸收的微囊藻毒素含量随暴露在地里的微囊藻毒素含量的增加而增加，不易降解的微囊藻毒素会长时间富集在土壤里，危害人类的身体健康。近些年来，较多专家研究将水华蓝藻进行堆肥，经过堆肥处理后，微囊藻毒素大部分能够得到降解，如施用正常用量的成品发酵蓝藻肥，每人每天摄入的青菜中的微囊藻毒素含量远低于 WHO 制定的饮用水藻毒素含量的标准（江君等，2012a）。进一步对堆肥的研究发现，进行蓝藻堆肥研究时，添加麦麸，调节含水量为 55%，C/N 为 25 时，微囊藻毒素降解效果最好，降解率能达到 90% 以上，并且堆肥的总养分含量满足有机肥料标准，此方法能有效地解决微囊藻毒素残留的问题（江君等，2012b，2012c）。另外，针对蓝藻堆肥过程中氮素损失的问题，任云等（2012）研究发现，利用氮素固定剂或者损失抑制剂（酸化沸石、过磷酸钙和氢氧化镁与磷酸的混合液）以及采用高温堆肥，可有效抑制氮素的损失。任云等（2013）进一步研究发现，氮损失抑制剂过磷酸钙的添加，还可以提高微囊藻毒素 MC-RR 和 MC-LR 的去除率，未添加过磷酸钙的对照组在微生物的作用下，微囊藻毒素 MC-RR 与 MC-LR 的去除率分别达到 89.8% 与 78.3%。添加过磷酸钙后，MC-RR 和 MC-LR 的去除率分别达到了 92.96% 和 100%，较好地保证了蓝藻堆肥农用的安全性。如能综合以上蓝藻（包括微囊藻）堆肥的研究，研究出一种可以进行流水操作的堆肥工艺设备，则蓝藻（包括微囊藻）堆肥大范围的应用指日可待。蓝藻（包括微囊藻）堆肥研究已经取得显著成果，但还需深入研究，以求简便且安全高效的蓝藻（包括微囊藻）堆肥的生产工艺。

第二节 制备沼肥

沼肥是畜禽粪便和农作物秸秆经过厌氧发酵后产生的残留物（黄惠珠，2010），是一种优质的有机肥料，并且沼化是水华蓝藻包括微囊藻资源化利用研究最多的方法。姜继辉等（2010）采用蓝藻发酵后的沼液沼渣进行盆栽试验，发现经沼液沼渣处理的土壤中的全氮含量、有效磷含量及有机质含量较化学肥料处理后的土壤明显增加，说明经过发酵后的水华蓝藻较化学肥料更适合作为肥料使用。王震宇等（2008）研究发现，在水华蓝藻厌氧发酵时，将其与秸秆按一定的比例混合发酵，可有效提高底物降解速率和产甲烷的速率及甲烷含量。蓝藻沼化的研究已趋向成熟，现今的研究重点主要集中在蓝藻沼肥的无毒、无害和环保应用方面。

　　水华蓝藻中含有重金属离子和藻毒素，不能直接沼化应用。研究发现，打捞的滇池水华蓝藻重金属 Cd 含量超过沼肥料农业行业限量标准（韩士群等，2009）。韩士群等（2009）发现，刚打捞上来的蓝藻与放置 30d 的蓝藻相比，重金属含量较高。虽然放置一段时间后重金属含量降低，但施用也会富集到植株中，危害生态环境。天津市水域生态研究组等则针对蓝藻藻浆重金属离子含量较高的问题，发明了一种水华蓝藻中重金属离子的去除方法，具体如下：①将水华蓝藻群体进行细胞分散，在细胞分散的过程中加入乙二胺四乙酸，螯合水华蓝藻中的重金属离子；②将细胞分散后的水华蓝藻使用无堵塞污泥泵输送至网筛进行过滤，过滤后得到藻泥；③将藻泥进行脱水，使用叠螺式污泥脱水机，去除藻泥中含重金属离子的废水，得到去除重金属离子的水华蓝藻。

　　由表 5-2 的结果可知，应用天津市水域生态研究组发明的水华蓝藻中重金属离子的去除方法可高效地去除水华蓝藻中的重金属。另外，去除重金属离子后得到的藻渣中的有毒重金属元素 Pb、Cd 及 Cr 含量显著低于我国有机肥料行业标准（NY 525—2012）中规定的 Pb、Cd 及 Cr 含量，因此，去除重金属离子后得到的藻渣可安全环保地作为水华蓝藻有机肥制备原料，实现水华蓝藻的规模化无害处理，有力地避免了水华蓝藻资源化利用过程中造成的二次污染。

表 5-2　水华蓝藻中各重金属的去除（毕相东等，2016）

重金属元素	去除重金属离子前的水华蓝藻的重金属含量（mg/kg）	去除重金属离子后的水华蓝藻的重金属含量（mg/kg）	重金属去除率（%）
Pb	5.101±0.106	0.841±0.079	83.513
Cd	3.113±0.205	0.642±0.064	79.377
Cr	2.704±0.403	0.619±0.012	77.108
Fe	1192.146±11.213	264.2±1.1647	77.832
Al	1473.537±27.661	371.5±2.316	74.788

　　总体来看，蓝藻资源化利用过程中对去除其中富集的重金属离子的研究较少，大多是如何去除或者降解藻毒素。韩士群等（2009）研究发现，将打捞上来的太湖水华蓝藻接种适量活性污泥后厌氧发酵，发酵产生的沼气中的甲烷平均含量较畜禽粪便发酵产生的沼气中的甲烷含量高，其中较难降解的藻毒素也会迅速降解，并且沼液沼渣内含有丰富的氮、磷、钾和氨基酸等营养物质，可作为一种优质的有机肥应用于农作物的栽培种植。朱守诚等（2013）将打捞上来的蓝藻藻泥与复合环境诱导材料 ECO-U100 以 100∶2 的比例混合，中温发酵得到的有机肥含有较高的养分，经检测为无毒、无公害环保有机肥，并且与化肥相比能显著提高稻米

品质。天津市水域生态研究组针对厌氧发酵生物转化效率差、产气量低及 MC 易产生二次污染的问题，开展了碱法热处理对蓝藻厌氧发酵生物转化及微囊藻毒素降解效果影响的研究，结果表明，经碱热优化处理后的蓝藻藻浆经活性污泥厌氧发酵后产气率较对照提高了 4.72 倍，达 425.4mL/g VS（图 5-1）。同时，研究发现，经预处理的蓝藻厌氧发酵后，烘干的藻粉中不含 MC-RR，MC-YR 含量仅为 $0.58×10^{-2}$ μg/kg，可安全地用于制备复合有机肥（图 5-2）。

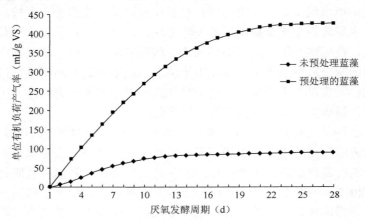

图 5-1 碱法热处理和未经预处理的蓝藻厌氧发酵沼气产率

（引自刘刚等，2016）

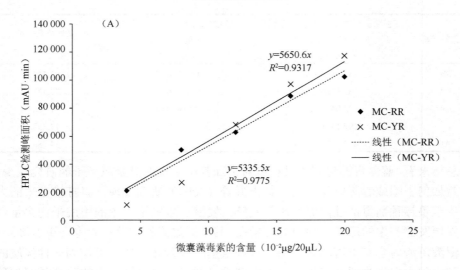

图 5-2 厌氧发酵过程中 MC 含量的变化

（引自刘刚等，2016）

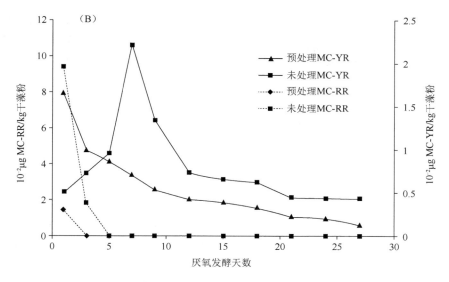

图 5-2　厌氧发酵过程中 MC 含量的变化（续）

（引自刘刚等，2016）

　　水华蓝藻厌氧发酵过程中产沼气的同时也会产生其他有害气体，如硫化氢、甲硫醇及甲硫醚等，同样不能直接应用到生产生活中，因此，脱硫去除有害气体的过程在提高厌氧发酵产生沼气的纯度中非常重要。将秸秆、蓝藻和接种污泥以 2:8:1 的比例混合厌氧发酵产沼气，工艺流程如图 5-3 所示，结果发现有害气体硫化氢在发酵 30d 后达到高峰，为去除其中的有害气体，利用从铜陵尾矿区酸性废水中富集培养的嗜酸氧化亚铁硫杆菌，以吸收塔作为脱硫装置，当塔中吸收液的铁离子浓度为 7g/L 时，液气比为 3，吸收液液面高度为 0.55m 时，脱硫率可达 99%（曹静，2013）。

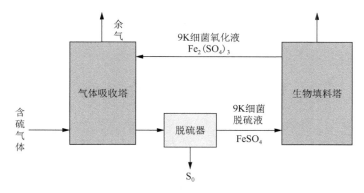

图 5-3　沼气脱硫工艺流程图

（引自曹静，2013）

蓝藻包括微囊藻沼化资源化利用尽管在国外已取得较大进展并且已经初步投入使用，但是在国内还处于起步阶段，需要加大力度研究解决资源化利用过程中重金属残留的问题，使蓝藻包括微囊藻作为有机肥料尽快进入市场，从而解决资源短缺的问题。

第三节　作为饲料原料

目前，水华微囊藻资源化利用以制备微囊藻肥料和制备沼气等低价值应用为主，关于微囊藻精细饲料资源化利用的研究报道较少。微囊藻干物质中含有54%～63%的蛋白质资源（陈少莲等，1990），如加以利用，可以在很大程度上替代饲料紧缺型的动物性蛋白。但是，谢萍等（2000）尝试利用蓝藻饲喂肉仔鸡和生长育肥猪，发现蓝藻中含有对鸡和猪的生长有明显不利影响的物质，即蓝藻细胞内的藻毒素和富集在细胞胶鞘中的重金属；董桂芳等（2012）发现摄食含低剂量藻毒素的蓝藻粉可提高鱼类的摄食率，同时饲料中的蓝藻粉会降低鱼类的饲料转化率和消化率，但不同鱼类对藻毒素的耐受性不同。若是对蓝藻粉进行适当的脱毒处理，将其作为草食性和杂食性鱼类的饲料蛋白质来源将具有巨大的发展前景（董桂芳等，2012）。鱼类摄食了含有藻毒素的饲料，藻毒素可能会在鱼体内富集，并且水华蓝藻作为饲料喂食时有一部分会进入水体中，危害到其他水生生物，最终危害到人类健康，所以应注重研究纯化蓝藻蛋白质。钱玉婷等（2008）应用硫酸水解提取复合氨基酸液的工艺提取蓝藻中的氨基酸，结果发现在水温 120℃、硫酸质量浓度为20%时，得到的水解液中氨基酸种类丰富，且已不含藻毒素。虽然微囊藻作为饲料添加这一利用方式的研究已取得长足的进展，但要真正应用于生产生活中还需进一步对如下问题进行深入研究：彻底去除微囊藻中有害毒性物质、微囊藻毒素简便脱毒工艺和微囊藻中有害毒性物质是否会富集或者造成水体二次污染。

第四节　作为生物新能源

能源是人类赖以生存的物质基础，能源紧张已经不是局部性的问题，而是世界性的难题。若能将打捞上来的水华微囊藻转化成有效的能源物质，则既能达到有效处理的目的，又能缓解资源紧张的压力，实为变废为宝、一举两得的好事。韩志国等（2003）尝试研究了应用微藻光合制氢，发现绿藻是一种高效的放氢藻株，同样可研究水华蓝藻光合制氢。水华微囊藻具有光合效率高、零净碳值、生长周期较短、易于培养、油含量高等诸多优点，是一种应用前景广阔的生物柴油原料，微囊藻资源化利用与碳减排耦合的微囊藻生物柴油技术研究已受到政府和企业的广泛关注（胡碧洋等，2012）。微囊藻作为生物新能源的研究还处于初级阶段，要实现工程化应用还需结合物理工程等进行进一步研究。

第五节　其他利用途径

因微囊藻含有丰富的营养成分，极易腐败变质，诸多科学家致力于研究微囊藻资源化利用的多样化，并逐渐趋向于扩展微囊藻精细化的应用途径。一方面，较多利用微囊藻中的生物活性物质，替代其他较为昂贵、较难获得或者具放射性危害的化学原料。微囊藻中含有的藻胆蛋白是微囊藻细胞中含量很高的一种光合辅助色素，能够作为天然生物色素广泛应用于食品、化妆品等领域，还可以作为生物荧光剂在生物大分子和生物医学领域发挥作用（Glazer，1994），真正实现了安全环保和微囊藻应用的高附加值。另一方面，利用微囊藻含有丰富的营养物质这一优势，谭超和张乃明（2014）在探究微囊藻农药利用的可行性时，对比利用LB 培养基、新鲜微囊藻、微囊藻发酵 2 个月沼液和微囊藻发酵 6 个月沼液这 4 种培养基培养苏云金芽孢杆菌（*Bacillus thuringiensis* GIM1.32），通过观察苏云金芽孢杆菌的生长代谢特征、杀虫晶体蛋白产量发现，新鲜微囊藻是 *B.t.*GIM 1.32 菌种生长代谢良好的培养基，能够使其正常完成芽孢和伴孢晶体的合成，为微囊藻资源化利用提供了一条新的、高值处理利用途径，既将蓝藻变废为宝，又可有效降低苏云金芽孢杆菌生物农药生产成本。另外，微囊藻细胞含有丰富的胞外多糖，其可作为絮凝剂去除天然湖泊及灌溉贮存水中的固体悬浮物，相比化学絮凝剂，不会引起二次污染（任欣欣，2013）。

第六节　问题及展望

综上所述，在目前我国水体富营养化严重无法快速解除这一现状下，微囊藻资源化利用将是今后的微囊藻水华防控的研究热点。目前，虽然微囊藻资源化利用的研究已得到初步应用，但是还有许多问题亟待解决。

首先，微囊藻中富含的微囊藻毒素的去除是微囊藻资源化利用的关键。虽然有研究应用经筛选的微囊藻毒素降解菌（Ho et al.，2007；Zhang et al.，2010；王光云等，2012）、厌氧发酵及堆肥等降解残留的微囊藻毒素，微囊藻毒素的去除率已达到90%以上，但是剩余微囊藻毒素富集的隐患并未去除。还需进一步研究微囊藻毒素的去除工艺,以确保微囊藻资源化利用的安全性。其次,随着环境污染日益严重和能源的日益枯竭,可再生清洁能源的发展和使用已成为当务之急,因此,厌氧发酵产生的沼气的纯化是一大热点问题,如何设计并建立合理的厌氧发酵装置、沼气纯化装置及发酵后产生的沼液沼渣应用措施将成为今后的研究重点之一。再次,现阶段研究集中在利用微囊藻胞外多糖吸附去除水体重金属方面(王坎等,2011),如何处理微囊藻生长过程中富集的重金属离子的研究较少。如果将野外打捞存在重金属的微囊藻制成有机肥施用到田地里,重金属会经地上植株富集,最终经各种渠道富集入人体危害人类健康,故重金属的去除已成为制备环保微囊藻有机肥的关键。最后,在解决以上问题的基础上,①必须优化微囊藻资源化利用的条件,使微囊藻资源化利用的成本更低、方式更简便;②微囊藻资源化利用的研究逐渐趋向精细化和高附加值。如微囊藻中含有丰富的藻蓝蛋白,可提取作为环保类生物色素应用于多个领域(韩士群等,2012);微囊藻中含有丰富的胞外多糖,可寻找高效的产糖藻株应用在食品或者化工等方面(汪之和和施文正,2003);可直接提取分离微囊藻中的微囊藻毒素作为医学药物应用在医学领域(赵以军等,1999),为人类的健康造福;可从微囊藻中提取化学物质作为化学原料应用等(胡碧洋等,2012)。上述研究若要规模化应用到微囊藻群体的实际防控中,需研究出简便并且易于操作的流水设备,以备及时有效地打捞及资源化利用暴发微囊藻群体。

鉴于我国微囊藻资源化利用的现状及我国目前的水污染现状,除采用化感物质抑藻剂妥善做好微囊藻水华暴发的应急处置外(Bi et al.,2014,2015),建议应当从短期及长期两方面防控水华(以微囊藻群体为主),具体需认真做好以下工作。

(Ⅰ)从短期来看,针对我国自然水体富营养化程度较高且以微囊藻群体为主要组分的蓝藻水华频繁暴发的实际情况,建议应该尽快落实以下两项措施,以遏制自然水体微囊藻水华的暴发频率及程度都在提高的现状,具体建议如下。

(1)建议以打捞为主的方式应急处理暴发的微囊藻水华,此举不仅可以有效减小微囊藻水华污染生态灾害,同时大量营养盐、重金属离子、微囊藻毒素及多环芳烃(Bi et al.,2016)等随着打捞出的微囊藻被移除出自然水体,从而可有效地降低水体的富营养化程度及有毒有害物质的含量,最重要的是可直接地大幅降低微囊藻水华对自然水体产生的生态灾害。

(2)大力开发制备有机肥或沼肥等资源化利用微囊藻及提取生物燃料等能源化利用微囊藻的相关先进技术。资源化或能源化利用打捞出的微囊藻可变废为宝,减少化学肥料及煤炭的使用,减轻环境压力,具有良好的环境效益、社会效益和经济效益。

(3)在富营养化水体表层布置数量众多的小型水生植物浮床,此举有以下几点好处：①水生植物与藻类之间存在强烈的克生作用，快速生长的水生植物能够强烈地抑制蓝藻的生长，进而显著降低自然水体微囊藻水华的暴发程度；②浮床中的水生植物生长过程中可大量利用水体中氮、磷等营养物质，从而可降低自然水体富营养化程度；③定期收获浮床中的水生植物，可以通过资源化或能源化利用，增加经济效益，反过来又能支撑自然水体治理过程中产生的各项费用支出，构筑自然水体微囊藻水华治理的循环性经济；④自然水体表层繁茂生长的水生植物浮床还能增加自然水体的美感，助力我国生态旅游经济的发展。

（Ⅱ）从长期来看，自然水体的高度富营养化是微囊藻水华频繁暴发的主要原因，治理自然水体富营养化需着眼于整个自然水体流域，制定切实可行的长效管理机制，才能真正遏制自然水体微囊藻水华频繁暴发的现状。目前，从我国的实际情况出发，建议认真做好以下几项工作。

（1）加强我国城镇环境基础设施建设。我国污水处理能力还不能满足城市生活污水处理量的要求，加之我国近期城镇发展速度的加快，城镇生活污水的处理问题更显突出。为此有必要加大污水处理厂建设，并在兴扩建新厂时，应增加污水处理厂脱磷脱氮工艺流程，减少水环境富营养化物质进入水体，消除造成微囊藻水华的物质条件。

（2）加快城市管网配套建设。我国污水处理率相对较低，造成这个问题的主要原因是城市管网建设跟不上城市的发展，应从规划着手，加大城市管网建设力度，完善城市管网布局和雨污分离，提高生活污水的收集率。

（3）加大农村生态整治，重视农村生产、生活面源污染的治理。我国农村生产、生活面源污染对环境的影响已不亚于工业污染对环境造成的危害。加大农村生活垃圾、生活污水集中处理的基础设施建设，控制、减少化肥农药的使用量，大力发展、使用高效、低毒、低残留的农药，积极倡导生物农药和生物防治技术。

（4）加强规模化畜禽养殖、水产养殖的环境管理。畜禽养殖及水产养殖的污染相当严重，应按照综合利用优先，坚持在减量化、无害化、资源化上下功夫，广泛开展畜禽养殖污染集中整治专项行动，督促养殖户采取有效的畜禽养殖及水产养殖污染防治措施，尽力实现污染物"零排放"，做到"种养结合"，把畜禽养殖业及水产养殖业产生的污染物再利用到种植业中去，形成绿色生态的良性循环。

尽快落实上述两项措施，可促使我国尽快从根本上防控以微囊藻为主的蓝藻水华的频繁发生。

参 考 文 献

毕相东, 张树林, 戴伟, 等. 2016. 一种水华蓝藻中重金属离子的去除方法: 中国, CN201610283666.1.

曹静. 2013. 蓝藻厌氧发酵产沼气及沼气生物脱硫初步研究. 合肥: 安徽大学硕士学位论文.

陈少莲, 刘肖芳, 胡传林, 等. 1990. 论鲢鳙鱼对微囊藻的消化利用. 水生生物学报, 14(1): 49-59.

谌丽斌. 2005. 电催化氧化杀藻和去除藻毒素的效果研究. 北京: 北京林业大学硕士学位论文.

丁旸, 浦跃朴, 尹立红, 等. 2009. 超声除藻的参数优化及其在太湖除藻中的应用. 东南大学学报, 39(2): 354-358.

董桂芳, 解绶启, 朱晓鸣, 等. 2012. 水华蓝藻对鱼类的营养毒理学效应. 生态学报, 32(19): 6233-6241.

董金荣, 周明, 赵开弘. 2003. 浸没式 UV-C 技术对念珠藻"水华"的抑制效应. 武汉理工大学学报, 25(10): 16-18.

韩士群, 李辉东, 严少华, 等. 2012. 太湖蓝藻藻蓝蛋白的提取及纯化. 江苏农业学报, 28(4): 777-782.

韩士群, 严少华, 王震宇, 等. 2009. 太湖蓝藻无害化处理资源化利用. 自然资源学报, 24(3): 431-438.

韩志国, 李爱芬, 龙敏南, 等. 2003. 微藻光合作用制氢——能源危机的最终出路. 生态科学, 22(2): 104-108.

胡碧洋, 赵蕾, 周文静, 等. 2012. 我国水华蓝藻资源化研究现状、问题与对策. 水生态学杂志, 33(3): 138-143.

黄惠珠. 2010. 沼肥营养成分与污染物分析研究. 福建农业学报, 25(1): 86-89.

江君, 杜静, 常志州, 等. 2012a. 蓝藻堆肥中养分及微囊藻毒素含量变化. 江苏农业学报, 28(2): 314-319.

江君, 杜静, 常志州, 等. 2012b. 水分对蓝藻堆肥效果的影响. 江苏农业科学, 40(6): 260-263.

江君, 靳红梅, 常志州, 等. 2012c. C/N 对蓝藻好氧堆肥腐熟及无害化进程的影响. 农业环境科学学报, 31(10): 2031-2038.

姜继辉, 严少华, 陈巍, 等. 2010. 蓝藻沼肥对土壤的影响. 土壤, 42(4): 678-680.

刘刚, 屠春宝, 毕相东, 等. 2016. 碱法热处理对蓝藻厌氧发酵生物转化及微囊藻毒素降解效果的影响. 农业资源与环境学报, 33(6): 547-553.

钱玉婷, 常志州, 王世梅, 等. 2008. 水华蓝藻酸解制备复合氨基酸液的研究. 江苏农业学报, 24(5): 706-710.

任欣欣, 姜昊, 冷欣, 等. 2013. 蓝藻胞外多糖的生态学意义及其工业应用. 生态学杂志, 32(3): 762-771.

任云, 崔春红, 刘奋武, 等. 2012. 蓝藻好氧堆肥及其氮素损失控制的研究. 环境科学, 33(5): 1760-1766.

任云, 崔春红, 刘奋武, 等. 2013. 加氮损失抑制剂对蓝藻泥堆肥质量的影响. 环境工程学报, 7(4): 1527-1534.

沈银武, 刘永定, 吴国樵, 等. 2004. 富营养湖泊滇池水华蓝藻的机械清除. 水生生物学报, 28(2): 131-136.

孙小静, 秦伯强, 朱广伟. 2007. 蓝藻死亡分解过程中胶体态磷、氮、有机碳的释放. 中国环境科学, 27(3): 341-345.

谭超, 张乃明. 2014. 利用蓝藻厌氧发酵液制备苏云金芽孢杆菌杀虫剂. 农药, 53(3): 179-183.

汪小雄. 2011. 化学方法在除藻方面的应用. 广东化工, 38(4): 24-26.

汪之和, 施文正. 2003. 蓝藻的综合开发利用. 渔业现代化, (2): 32-33.

王光云, 吴涓, 谢维, 等. 2012. 微囊藻毒素降解菌的筛选、鉴定及其胞内粗酶液对藻毒素 MC-LR 的降解. 微生物学报, 52(1): 96-103.

王惠, 朱喜. 2009. 太湖蓝藻打捞和资源化利用的实践与思考. 江苏水利, (7): 35-37.

王坎, Colica G, 刘永定, 等. 2011. 水华蓝藻生物质对 Cu 和 Cr 金属离子的生物吸附. 水生生物学报, 35(6): 1056-1059.

王寿权, 严群, 阮文权. 2008. 蓝藻猪粪共发酵产沼气及动力学研究. 食品与生物技术学报, 27(5): 108-112.

王震宇, 韩士群, 严少华, 等. 2008. 蓝藻厌氧发酵过程中若干指标的变化. 江苏农业学报, 24(5): 701-705.

吴星五, 唐秀华, 朱爱莲, 等. 2002. 电化学杀藻水处理实验. 工业水处理, 22(8): 16-18.

谢萍, 周学文, 杨家雄, 等. 2000. 滇池藻渣对肉仔鸡和生长肥猪饲用效果研究. 云南畜牧兽医, (2): 12-14.

闫冉, 李云利, 毕相东, 等. 2015. 有害蓝藻资源化利用现状和发展趋势. 天津农业科学, 21(5): 72-76.

张海春, 丁炜, 陈雪初, 等. 2009. 遮光曝气组合法控制微囊藻. 净水技术, 28(1): 31-34.

赵伟丽. 2013. 深水型水库扬水曝气混合原位控藻数值模拟. 西安: 西安建筑科技大学硕士学位论文.

赵以军, 王旭, 谢青, 等. 1999. 滇池蓝藻"水华"微囊藻毒素的分离和鉴定. 华中师范大学学报(自然科学版), 33(2): 250-254.

郑宾国, 张继彪, 罗兴章, 等. 2011. γ-射线辐照对太湖原水中越冬蓝藻复苏的抑制. 中国环境科学, 31(2): 316-320.

朱守诚, 苗春光, 武艳, 等. 2013. 蓝藻有机肥的制备及其对水稻生长的影响. 安徽农业科学, 41(4): 1513-1514.

朱喜. 2009. 太湖蓝藻打捞和资源化利用的实践与思考. 江苏水利, (7): 35-37.

邹华, 潘纲, 陈灏. 2005. 离子强度对黏土和改性黏土絮凝去除水华铜绿微囊藻的影响. 环境科学, 26(2): 148-151.

Anderson D M. 2009. Approaches to monitoring, control and management of harmful algal blooms (HABs). Ocean Coast Management, 52(7): 342-347.

Bi X D, Dai W, Zhang S L, et al. 2014. Inhibition of photosynthesis-related gene expression by berberine in *Microcystis aeruginosa*. Allelopathy Journal, 34(2): 335-343.

Bi X D, Dai W, Zhou Q X, et al. 2016. Effect of anthracene (ANT) on growth, microcystin (MC) production and expression of MC synthetase (*mcy*) genes in *Microcystis aeruginosa*. Water, Air and Soil Pollution, 227(8): 259.

Bi X D, Zhang S L, Dai W, et al. 2015. Analysis of effects of berberine on the photosynthesis of *Microcystis aeruginosa* at gene transcriptional level. Clean - Soil, Air, Water, 43(1): 44-50.

Glazer A N. 1994. Phycobiliproteins-a family of valuable, widely used fluorophores. Journal of Applied Phycology, 6(2): 105-112.

Ho L, Hoefel D, Saint C P, et al. 2007. Isolation and identification of a novel microcystin-degrading bacterium from a biological and filter. Water Research, 41(20): 4685-4695.

Zhang M L, Pan G, Yan H. 2010. Biodegradation of microcystin-RR by a new isolated *Sphingoxyxis* sp.USTB-05. Journal of Environmental Sciences, 22(2): 168-175.

编　后　记

　　《博士后文库》（以下简称《文库》）是汇集自然科学领域博士后研究人员优秀学术成果的系列丛书。《文库》致力于打造专属于博士后学术创新的旗舰品牌，营造博士后百花齐放的学术氛围，提升博士后优秀成果的学术和社会影响力。

　　《文库》出版资助工作开展以来，得到了全国博士后管委会办公室、中国博士后科学基金会、中国科学院、科学出版社等有关单位领导的大力支持，众多热心博士后事业的专家学者给予积极的建议，工作人员做了大量艰苦细致的工作。在此，我们一并表示感谢！

《博士后文库》编委会